混凝土结构设计误区与释义

王依群　编著

中国建筑工业出版社

图书在版编目（CIP）数据

混凝土结构设计误区与释义/王依群编著．—北京：中国建筑工业出版社，2013．10

ISBN 978-7-112-15709-9

Ⅰ．①混…　Ⅱ．①王…　Ⅲ．①混凝土结构—结构设计　Ⅳ．①TU370．4

中国版本图书馆 CIP 数据核字（2013）第 184945 号

混凝土结构设计误区与释义

王依群　编著

*

中国建筑工业出版社出版、发行（北京西郊百万庄）

各地新华书店、建筑书店经销

北京永峥印刷有限公司制版

北京同文印刷有限责任公司印刷

*

开本：850×1168 毫米　1/32　印张：3⅞　字数：100 千字

2013 年 10 月第一版　2013 年 10 月第一次印刷

定价：**18.00** 元

ISBN 978-7-112-15709-9

（24518）

针对2010年新规范颁布实施以来混凝土结构教材中讲述不清，甚至错误观点，根据基础力学原理及《混凝土结构设计规范》GB 50010—2010、《建筑抗震设计规范》GB 50011—2010等规范，进行指正，尽最大可能给出详细解释。引导读者正确理解和使用规范关于结构构件的设计原理、计算方法和构造措施。

本书可供正在学习和实践混凝土结构课程的建筑结构专业学生、设计人员、审图人员、研究人员阅读。

*　　*　　*

责任编辑：郭　栋　辛海丽
责任设计：张　虹
责任校对：张　颖　赵　颖

前 言

在20多年教授《混凝土结构》期间，作者查阅了大量的相关文献，发现某些教科书以及规范宣讲材料中存在观点讲述不清、甚至差错之处。由此导致学生对混凝土结构的基本概念混乱，认为混凝土结构难学，还有的虽经多年专业工作仍不能建立正确概念。这种境况在2010年新规范颁布实施之后尤甚。为此，总结日常积累的思考，并连同最近很多学生和网上同行提出有关规范的问题，编写本书。

本书力求给出确切的解答，帮助在校学生和已参加工作的年轻专业人员更好地学习混凝土结构概念，正确理解混凝土结构基本理论和设计规范，做好本职的设计或施工工作。

水平所限，书中不妥之处，敬请读者指正。电子邮件请发至 yqwangtj@ hotmail. com，必有答复。

感谢张庆芳老师细心阅读了全稿，提出了改进意见。

目　　录

第1章　概念设计、材料强度、作用与结构分析

1.1　间接作用的判别标准不在于是否与结构动力特性有关

结构上的作用有直接作用和间接作用两种[1]。直接作用是指施加在结构上的荷载，如恒荷载、活荷载、风荷载和雪荷载等；间接作用是指引起结构外加变形或约束变形的作用，如地基沉降、混凝土收缩、温度变化、焊接残余变形和地震等。直接作用简称为“荷载”或“力”，间接作用简称为“作用”。

不能说“与结构自身的动力特性有关，所以就称为作用，不能称为荷载”。如一般情况下地基沉降、混凝土收缩、温度变化一般都是缓慢过程，可看做静力作用，它们与结构动力特性无关，也被称为“作用”。风作用、吊车或汽车、消防车在结构上行驶、爆炸、撞击作用除了自身特性外，也与结构的动力特性有关，它们被称为“荷载”，不称为间接作用。

1.2　弹性计算塑性配筋

按承载能力极限状态设计超静定结构时，采用线弹性分析所得的构件（截面）内力，以及按此内力用规范的截面极限状态法计算配筋，逻辑上似有矛盾。但是，从理论上分析、试验也有验证，虽然混凝土结构在使用阶段和塑性内力重分布阶段的内力都与线弹性法的计算值有出入，而在实现内力充分重分

布、形成破坏机构时，其最终的内力分布取决于各截面的极限弯矩值，仍与线弹性分析一致[2]。故线弹性分析法也适用于结构承载能力极限状态的验算，同样可保证结构的安全，且实用上简单可行。结构工程的无数实例，足以证实其可行性。当然，其条件是构件（截面）有足够的塑性转动能力，能保证结构的内力充分重分布，还需符合正常使用极限状态的要求。混凝土结构在使用阶段因为混凝土开裂、刚度减小而变形增大，内力重分布又影响其他部分的混凝土开裂，必要时应作验算。

1.3 传力途径要顺畅

要记住混凝土结构或构件受力由优至劣的顺序是：压、弯、剪、扭、拉。所以，设计混凝土结构时要注意“扬长避短”，尽量利用压、弯剪，尽量避免使用扭、拉。这样设计计算时就可少出现“超筋”现象（设计人员将不满足截面限制条件也称做“超筋”）。

结构布置时尽量直接传力，特别是水平作用，如水平地震、水平风的作用，要楼板传给梁，梁直接传给柱，再传至基础。不要梁端不在柱中或离柱轴线有一段偏心距，这样它们之间的内力要通过扭转来传递，或和通过很小的剪跨梁段来传递剪力，这样容易造成截面尺寸限制条件不满足（“超筋”）。

1.4 混凝土与钢筋间粘结应力分布规律

有些教材将钢筋与混凝土的粘结应力分布画成如图 1-1 所示。内行人一眼即可判断是错误的，可对于刚开始学习混凝土课程的学生不会分辨，若当做正确的第一印象，将影响其日后的学习。

应该靠近裂缝边缘的粘结应力大才对，离裂缝越远越小，直到某处消失为零。如图 1-2 所示才是正确的。

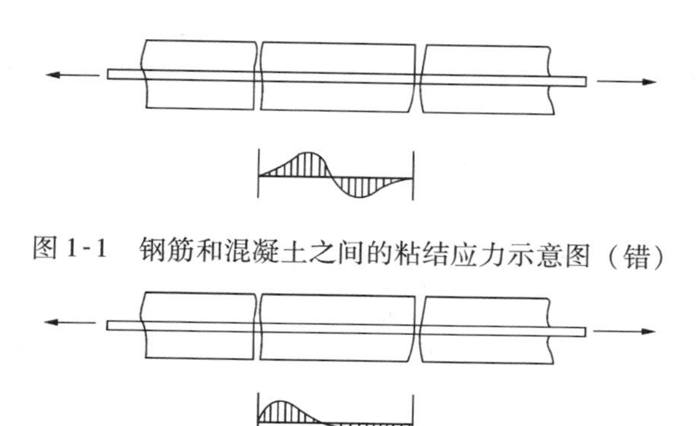

图 1-1　钢筋和混凝土之间的粘结应力示意图（错）

图 1-2　钢筋和混凝土之间的粘结应力示意图（对）

混凝土与钢筋能共同工作的根本原因之一是两者之间有粘结（无粘结预应力混凝土除外），粘结应力分布如不明白，对以后学习钢筋锚固、钢筋搭接、混凝土裂缝分布及裂缝宽度计算和处理会造成障碍。

1.5　采用弹塑性分析时须先进行作用组合

采用弹塑性分析方法确定结构的作用效应时须先进行作用组合，然后进行分析计算。这是因为弹塑性分析属于非线性分析方法，叠加原理不适用，所以不能计算后再叠加各计算结果。弹塑性是指物理非线性，即材料本构关系是非线性的。P-Δ 也是非线性的，称为几何非线性，因其主要由几何变形 Δ 引起。弹塑性分析一般是简称，它其中是包含 P-Δ 效应计算的，即所谓两重（物理和几何）非线性，特别是房屋建筑结构，进入塑性状态后，伴随着较大的几何变形，也就须考虑 P-Δ 效应。没进入塑性状态，几何变形较大时，如楼层侧移过大时，即 P-Δ 效应较大，也应进行非线性分析，就是几何非线性分析，但近年威尔逊 E. L. Wilson 等发明了简化方法[3]进行计算，可以使计算速度大大加快。

1.6 平面结构空间协同

《混凝土结构设计规范》GB 50010—2010[4]第 5.2.1 条“当进行简化分析时，应符合下列规定：1 体形规则的空间结构，可沿柱列或墙轴线分解为不同方向的平面结构分别进行分析，但应考虑平面结构的空间协同工作”，《高层建筑混凝土结构技术规程》JGJ 3—2010[5]第 5.1.4 条“高层结构分析，可选择平面结构空间协同等计算模型”，《建筑抗震设计规范》GB 50011—2010[6]第 5.5.3 条“结构在罕遇地震作用下薄弱层（部位）弹塑性变形计算，可采用下列方法：3 规则结构可采用弯剪层模型或平面杆系模型，属于本规范第 3.4 节规定的不规则结构应采用空间结构模型。”要求不一样，为什么？

平面结构空间协同法是20 世纪70 年代提出的，它是将结构划分为若干片正交或斜交的平面抗侧力结构，将任意方向的水平荷载或地震作用分解到各抗侧力结构上，由各抗侧力结构相交处的位移相等的协调条件进行水平力的分配。该方法的致命缺点是两斜交（包括正交）的平面结构相交处在各片分担的水平力下的位移（特点是竖向位移）是不相等的，经过“协同”人为地设个标准令其相等，造成内力不平衡。用此法算出的自振周期与真三维分析结果就有较大差别，用振型叠加反应谱法也会差别很大。平面结构空间协同法与当时的计算机硬件水平相适应，随着计算机硬件发展，该方法已被人们抛弃。

1.7 抗倒塌和抗连续倒塌

对于常见荷载，如永久荷载、使用荷载、风荷载，作用下的房屋抗倒塌设计已有上千年的历史，自人类盖房子始，就研究怎样防倒塌，虽然可能还有没研究到的方面，除了新的结构类型或体系，值得大力投入研究防倒塌的方面肯定是不多了。

对于偶然作用，如爆炸、火灾作用，及罕遇地震作用下的抗倒塌设计，因抗震设计要求“大震不倒”，则是近几十年的研究热点。

而房屋抗连续倒塌，则是在1968年英国RonanPoint公寓，一座28层装配式钢筋混凝土大板结构，第18层一个单元煤气爆炸。墙板脱落并跌落到下层，楼板破坏亦倒塌到一层，从而发生该公寓角部连续倒塌到地面，才被工程界重点提出；2001年9月11日美国纽约世界贸易中心大楼遭到飞机撞击造成整体倒塌，才成为工程界重视的研究课题。

结构连续性倒塌是指结构因偶然荷载造成结构局部破坏失效，继而引起失效破坏构件相连的构件连续破坏，最终导致相对于初始局部破坏更大范围的倒塌破坏。

所以不可泛泛地说“结构的抗倒塌设计还处在研究阶段”，一定要分清“抗倒塌”和“抗连续倒塌”的区别。

1.8 横向钢筋的抗拉强度设计值

《混凝土结构设计规范》GB 50010—2010[4]第4.2.3条（强制性条文）规定：横向钢筋的抗拉强度设计值f_{yv}应按表4.2.3-1中的f_y数值采用；当用做受剪、受扭、受冲切承载力计算时，其数值大于360N/mm^{2}时应取360N/mm^2。

此规定主要是为控制受剪、受扭、受冲切构件可能产生的裂缝宽度不致过大。因为新规范增加了500MPa级钢筋的应用，其抗拉强度f_y超过了360N/mm^2。因为钢筋的抗拉强度提高了，但其弹性模量没有提高，当其所受拉应力超过360N/mm^{2}时，伸长会较大，相应地混凝土裂缝会较宽，限制了拉应力就是限制了裂缝宽度。否则还需要计算或验算裂缝宽度，而这方面的研究很少，规范没有受剪、受扭、受冲切相应的裂缝宽度计算规定（规范只有正截面裂缝宽度的验算方法和公式），因此，规范做出了

4.2.3 条的规定。

规范在此条的条文说明中讲:“横向钢筋用做围箍约束混凝土的间接配筋时,其强度设计值不限”。根据青山博之的 1988～1993 年间的试验研究[7],用做约束混凝土的横向配筋上限值取 700MPa 为宜,美国混凝土规范 ACI318[8] 也有相近数值的规定。因我国现在普通钢筋最高是 500MPa 级钢筋,所以暂可不设上限。《建筑抗震设计规范》GB 50010—2010 也取消了《建筑抗震设计规范》GB 50011—2001 第 6.3.12 条在计算柱体积配箍率时要求 f_{yv} 超过 360N/mm^2 时,取 360N/mm^2 的规定。

1.9 钢筋保护层厚度为什么不再是强制性条文

混凝土与钢筋能共同工作的根本原因之一是两者之间有粘结(无粘结预应力混凝土除外),粘结保护层厚度取得大,截面有效高度变小,钢筋用量会增加,从而房屋造价会增加。结构设计时构件正截面承载力与纵筋位置,也就与纵筋的保护层厚度相关,设计计算时纵筋的保护层厚度按箍筋保护层厚度加上箍筋直径(按 10mm 估计值)取值。即没计入拉筋勾住外圈箍筋(解释见本书抗震章节),造成的拉筋突出箍筋的局部保护层厚度略薄的现实,如是强制性条文就要考虑此因素。因现在结构设计时均先选定纵向受力钢筋的保护层厚度进行计算。如施工时人为加大保护层厚度,则会因截面有效高度 h_0 减小,造成构件承载力达不到设计要求。另外,混凝土保护层厚度对平均裂纹宽度有较明显的影响,保护层厚度大则裂缝也易变大。因为房产商与设计人员已习惯于现在的规定保护层,如一次修订规范使得保护层厚度大幅度增加,会不适应。

1.10 与剪力墙正交的梁端做成刚接还是铰接

有人试图做成刚性连接,以为这样可将梁端的弯矩传到剪力墙，梁端不开裂，梁跨中受拉钢筋可少配，梁跨中挠度也小。以上只看到了对梁变形、裂缝处理的好处，而忽视了对剪力墙的负担。就像易拉罐的开罐拉环与罐壁的连接，可认为是做到了刚接，可施加弯矩后，拉环没坏，而罐壁出了大洞。

本人建议还是做成铰接好，因剪力墙出平面外的刚度和强度均不能提供刚接所要求的条件。即梁端与剪力墙平面外刚接可能会造成剪力墙局部凹凸，或造成钢筋群锚、墙体冲切破坏。如一定要做成刚接，就要做凸出墙面的扶壁柱来加强墙身才能达到要求的刚度和强度条件，也满足了钢筋抗拉锚固的要求。如为满足钢筋抗拉锚固的要求，只在墙背面做局部凸出的梁头，则仍然不能达到要求的刚度和强度条件。

上面所指是一般情况，即剪力墙较薄的情况；若墙体较厚，梁相对较小，做刚性连接，还是可行的，但这种情况较少出现。

1.11 平面对称结构不容易发生扭转

在评价结构扭转性能，或设法提高扭转自振周期的阶次时，总有人提出问题：结构平面对称，可为什么扭转自振周期还挺靠前?

其实，结构是否容易扭转，或扭转自振周期是不是靠前，关键不在于结构平面是否对称，而主要在于结构抗扭刚度大小和转动惯量的大小。

陀螺（图1-3）和风车玩具就是平面对称而容易扭转的例子。上海世博会中国馆（图1-4）就是陀螺形，扭转自振周期是结构第一自振周期。

上述例子说明，结构平面对称，扭转程度会轻些，但照样会扭转。同样截面积的平面结构，不对称的平面比对称的平面抗扭刚度要小，转动惯量要大。

要想改变扭转自振周期靠前及扭转严重的局面，就要从增加结构的抗扭刚度和减小结构转运惯量两方面入手。

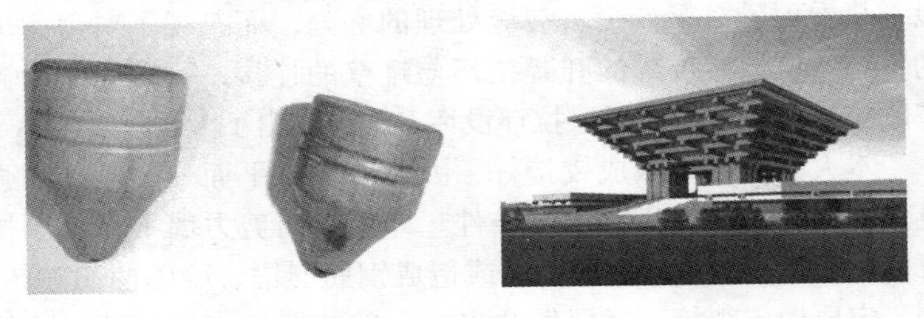

图1-3　陀螺　　　　图1-4　上海世博会中国馆

参考文献

[1]《建筑结构荷载规范》GB 50009—2012 [S]. 北京：中国建筑工业出版社，2012

[2] 过镇海. 混凝土的强度和本构关系：原理与应用 [M]. 北京：中国建筑工业出版社，2004

[3] E. L. Wilson, etl. Static and Dynamic Analysis of Multi-Story Building Including P-Δ Effects, Earthquake Spectra, 1987, 2

[4]《混凝土结构设计规范》GB 50010—2010 [S]. 北京：中国建筑工业出版社，2011

[5]《高层建筑混凝土结构技术规程》JGJ 3—2010 [S]. 北京：中国建筑工业出版社，2011

[6]《建筑抗震设计规范》GB 50011—2010 [S]. 北京：中国建筑工业出版社，2010

[7] 青山博之著，张川译. 现代高层钢筋混凝土结构设计 [M]. 重庆：重庆大学出版社，2006年

[8] ACI Committee 318, Building code requirements for structural concrete (ACI318-08) and commentary (ACI318-08 and ACI318R-08) [S]. Michigan, Farmington Hills, 2008

第2章 柱

2.1 偏心受压柱的分类

《混凝土结构设计规范》GB 50010—2010 只字不提细长柱，混凝土结构教材也鲜有介绍混凝土细长柱的知识。使得设计人员以为混凝土柱没有失稳的可能，柱子长细比没有限制。作者认为有必要让学生和设计人员具有细长柱的概念和知道其计算方法有处可查。

按照长细比的大小将钢筋混凝土柱分为三种类型[1]：短柱、中长柱和细长柱。

（1）短柱（通常是指$l/h \leqslant 5$的柱，l是柱计算长度、h是柱截面高度）：构件在偏心压力下产生的侧向挠度很小，其中的附加弯矩可以忽略不计。于是，构件各个截面的弯矩均可认为等于Ne_0，即弯矩与轴向压力成比例增长，其受力行为如图2-1所示的直线OC。当截面中的N、M点达到C点时，构件就由于材料达到极限强度而破坏，称此种破坏为材料破坏。

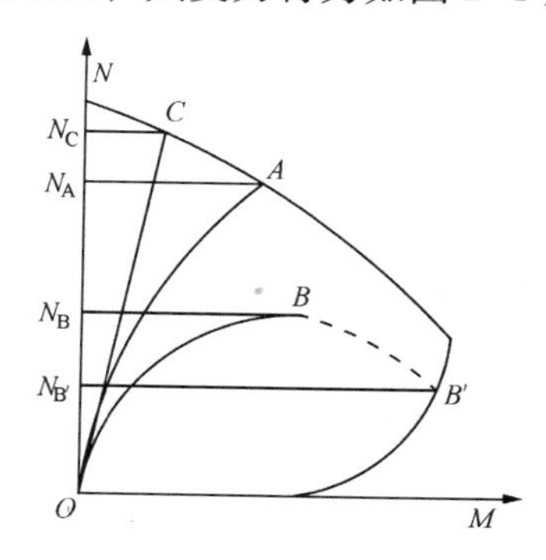

图2-1 偏心受压柱N-M图

（2）中长柱（$5 < l/h \leqslant 30$）：细长效应已不可忽略，特别是在偏心距较小的构件中，附加弯矩在总弯矩中可能占有相当大的比重。这时，随着轴向压力的增大，弯矩的增大速

度将越来越快，其行为如图 2-1 所示的曲线 OA。但不论是大偏心受压还是小偏心受压，构件最终仍然由于材料达到极限强度而破坏，即发生的仍是材料破坏，只不过由于附加弯矩的影响，中长柱所能承担的轴向压力将比其他条件相同短柱的低。

（3）细长柱（$l/h>30$）：当构件过于细长时，在较低荷载下的行为与中长柱的类似。但当荷载达到某个临界值，柱能承担的轴压力就不能再增长，如保持此时的外荷载不变，柱的变形将进入动态且持续增大，无法保持静力平衡，柱丧失稳定。这时柱就达到了其最大承载力（图 2-1 中的 NB），截面上应力比材料极限强度小很多。

图 2-1 中所示三类柱的偏心距 e_0 是相同的，但随着长细比的增大，其承载力依次降低。在上述三类柱中，对短柱不需考虑附加弯矩的影响，而对于长柱（包括中长柱和细长柱），一般应考虑附加弯矩对承载力降低的影响。此外，还有一种情况是因侧向变形过大而失效。

细长柱因为最容易发生的情况不是强度破坏，而是失稳破坏，所以对其配筋的方法不同于中长柱（见下小节介绍）。有的规范、教材、软件说明没认识到这一点，只是笼统地讲长柱应该如何计算承载力和配筋，看其内容只是对中长柱的承载力和配筋讲述了，而对长柱中的细长柱的承载力和配筋则只字未提，希望引起读者注意，这是两个不同的概念，以免造成安全事故。

有的计算机软件将细长柱当成中长柱去配筋，会造成配筋量比需要的小很多，如采用则造成设计不安全！ETABS 软件则对细长柱不予配筋，很多用户有疑问，实际上该软件没纳入相应的配筋方法，是让用户自己想办法解决。

2.2 细长柱的计算方法

我国《混凝土结构设计规范》GB 50010—2002[2] 对短柱和中长柱给出了配筋计算公式，对细长柱给出了设计思想，体现在其第7.3.10条的条文说明中："值得指出，公式（7.3.10-1）对 $l_0/h \leqslant 30$ 时，与试验结果符合较好；当 $l_0/h > 30$ 时，因控制截面的应变值减小，钢筋和混凝土达不到各自的强度设计值，属于细长柱，破坏时接近弹性失稳，采用公式（7.3.10-1）计算，其误差较大；建议采用模型柱法或其他可靠方法计算。"这里 l_0 是柱计算长度。RCM软件[3]就是按照模型柱法公式进行细长柱（包括矩形和圆形截面柱）配筋的。

《混凝土结构设计规范》GB 50010—2010[4]只给出了柱正截面强度计算公式，即对短柱和中长柱给出了配筋计算公式，而对细长柱的失稳破坏模式如何计算配筋只字未提！RCM软件参照欧洲混凝土结构设计规范的规定和设计手册[5]的方法给出了细长柱配筋方法和算例。

2.3 P-Δ 效应和 P-δ 效应

二阶效应分为两类（图2-2）：

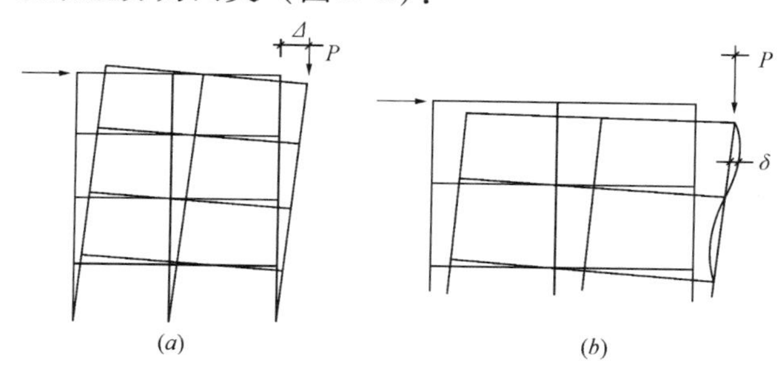

图2-2 P-Δ 效应和 P-δ 效应

（a）P-Δ 效应；（b）P-δ 效应

①结构侧移二阶效应（P-Δ 效应）

由重力在产生了侧移的结构中形成的整体二阶效应，也称"重力二阶效应"。

②杆件挠曲二阶效应（P-δ 效应）

由轴压力在杆件自身挠曲后引起的局部二阶效应。通常 $P\text{-}\delta$ 效应起控制作用仅在少数偏压构件中形成，反弯点不在柱高范围内的较细长偏心压杆则有可能属于这类情况。

规范提出：混凝土结构的重力二阶效应可采用有限元分析方法计算，也可采用本规范附录 B 的简化方法。当采用有限元方法时，宜考虑混凝土构件开裂对构件刚度的影响。

重力二阶效应分析是非线性分析，一般要用迭代方法，费时。好在 E. L. Wilson 先生发明了简化计算方法[6]，不用迭代，一次即可得到分析结果，现在 PKPM 软件也是采用这种方法。

考虑混凝土构件开裂对构件刚度的影响，即使用折减后的构件刚度进行重力二阶分析，因计算工作量大，一般软件还没有做到。

取得有限元方法算出的考虑了 $P\text{-}\Delta$ 效应的杆件端部弯矩后，首先要判断是否需要考虑轴向压力作用下杆件自身挠曲对杆件内力的影响，即 $P\text{-}\delta$ 效应。

弯矩作用平面内截面对称的偏心受压构件，当同一主轴方向的杆端弯矩比 M_1/M_2 不大于 0.9 且设计轴压比不大于 0.9 时，若构件的长细比满足《混凝土结构设计规范》GB 50010—2010[4]公式（6.2.3）的要求，可不考虑轴向压力在该方向挠曲杆件中产生的附加弯矩影响；否则应根据混凝土规范第 6.2.4 条的规定，按截面的两个主轴方向分别考虑轴向压力在挠曲杆件中产生的附加弯矩影响。

$$l_c/i \leqslant 34 - 12(M_1/M_2) \qquad \text{规范式（6.2.3）}$$

式中 M_1、M_2——分别为已考虑侧移影响的偏心受压构件两端截面按结构弹性分析确定的对同一主轴的组合弯矩设计值，绝对值较大端为 M_2，绝对值较小端为 M_1，当构件按单曲率弯曲时，M_1/M_2 为正；否则，为负；

l_c——构件的计算长度，可近似取偏心受压构件相应主轴方向两支撑点之间的距离；

i——偏心方向的截面回转半径。

除排架结构柱以外的偏心受压构件，在其偏心方向上考虑杆件自身挠曲影响的控制截面弯矩设计值可按下列公式计算：

$$M = C_m \eta_{ns} M_2 \quad \text{规范式（6.2.4-1）}$$

$$C_m = 0.7 + 0.3\frac{M_1}{M_2} \quad \text{规范式（6.2.4-2）}$$

$$\eta_{ns} = 1 + \frac{1}{1300(M_2/N + e_a)/h_0}\left(\frac{l_c}{h}\right)^2 \zeta_c \quad \text{规范式（6.2.4-3）}$$

$$\zeta_c = \frac{0.5 f_c A}{N} \quad \text{规范式（6.2.4-4）}$$

当 $C_m\eta_{ns}$ 小于 1.0 时取 1.0；对剪力墙类构件，可取 $C_m\eta_{ns}$ 等于 1.0。

式中 C_m——柱端截面偏心距调节系数，当小于 0.7 时取 0.7；

η_{ns}——弯矩增大系数；

N——与弯矩设计值 M_2 相应的轴向压力设计值；

ζ_c——截面曲率修正系数，当计算值大于 1.0 时取 1.0。

2.4 柱计算长度

《混凝土结构设计规范》[4] 中柱计算长度出现多次，用处不同、所用符号不同、取值可能也不同，规范交代得不清楚，有些教材作者没搞明白就写出来，造成学生、设计人员，乃至结构设计软件开发人员思想混乱，软件和设计中错用。

1）计算长度 l_0

《混凝土结构设计规范》GB 50010—2010[4] 第 6.2.20 条规定如下：

轴心受压和偏心受压柱（规范此处不清楚，因不是对所有的偏心受压柱，非排架柱的承载力计算就不在此列）的计算长度 l_0 可按下列规定确定：

（1）刚性屋盖单层房屋排架柱、露天吊车柱和栈桥柱，其

计算长度 l_0 可按表 6.2.20-1 取用。

（2）一般多层房屋中梁柱为刚接的框架结构，各层柱的计算长度 l_0 可按表 6.2.20-2 取用。

刚性屋盖单层房屋排架柱、露天吊车柱的栈桥柱的计算长度

表 6.2.20-1

柱的类别		l_0		
		排架方向	垂直排架方向	
			有柱间支撑	无柱间支撑
无吊车房屋柱	单跨	$1.5H$	$1.0H$	$1.2H$
	两跨或多跨	$1.25H$	$1.0H$	$1.2H$
有吊车房屋柱	上柱	$2.0H_u$	$1.25H_u$	$1.5H_u$
	下柱	$1.0H_l$	$0.8H_l$	$1.0H_l$
露天吊车柱或栈桥柱		$2.0H_l$	$1.0H_l$	—

注：1. 表中 H 为从基础顶面算起的柱子全高；H_l 为从基础顶面至装配式吊车梁底面或现浇式吊车梁顶面的柱子下部高度；H_u 为从装配式吊车梁底面或从现浇式吊车梁顶面算起的柱子上部高度；

2. 表中有吊车房屋排架柱的计算高度，当计算中不考虑吊车荷载时，可按无吊车房屋柱的计算长度采用，但上柱计算长度仍可按有吊车房屋采用；

3. 表中有吊车房屋排架柱的上柱在排架方向的计算长度，仅适用于 H_u/H_l 不小于 0.3 的情况；当 H_u/H_l 小于 0.3 时，计算长度宜采用 $2.5H_u$。

框架结构各层柱的计算长度 表 6.2.20-2

楼盖类型	柱的类别	l_0
现浇楼盖	底层柱	$1.0H$
	其余各层柱	$1.25H$
装配式楼盖	底层柱	$1.25H$
	其余各层柱	$1.5H$

注：表中 H 为底层柱从基础顶面到一层楼盖顶面的高度；对其余各层柱为上下两层楼盖顶面之间的高度。

2）计算长度 l_c

《混凝土结构设计规范》GB 50010—2010 第6.2.3条规定如下：

l_c——构件的计算长度，可近似取偏心受压构件相应主轴方向上下支撑点之间的距离。

两个柱计算长度的使用场合分别如下：

计算长度 l_0：框架柱、排架柱轴心受压承载力计算用（依据规范第6.2.15条）；排架柱偏心受压承载力计算用（依据规范B.0.4条）；偏心受压构件正常使用状态裂缝宽度验算用（依据规范第7.1.4条）。

计算长度 l_c：非排架结构柱外的其他偏心受压构件承载力计算用（依据规范第6.2.4条）。

很多人错误地将 l_0 用于所有场合，虽然对于框架柱承载力计算来说结果偏于安全，但概念错误，会引起读者概念混乱。

2.5 柱计算高度

与柱计算长度类似的名字，出现在《建筑抗震设计规范》[7]附录D.1.1框架节点受剪承载力计算中，如下：

一、二、三级框架梁柱节点核芯区组合的剪力设计值，应按下列公式确定：

$$V_j = \frac{\eta_{jb}\Sigma M_b}{h_{b0} - a_s'}\left(1 - \frac{h_{b0} - a_s'}{H_c - h_b}\right) \tag{2-1}$$

节点核芯区的受剪水平截面应符合下列条件：

式中 η_{jb}——强节点系数，对于框架结构，一级宜取1.5，二级宜取1.35，三级宜取1.2；对于其他结构中的框架，一级宜取1.35，二级宜取1.2，三级宜取1.1；

ΣM_b——节点左、右两侧的梁端反时针或顺时针方向组合弯矩设计值之和，一级抗震等级框架节点左右梁端均为负值弯矩时，绝对值较小的弯矩应取零；

h_b、h_{b0}——梁截面高度、截面有效高度，节点两侧梁高不等时采用平均值；

a'_s——梁受压钢筋合力点至受压边缘的距离；

H_c——柱的计算高度，可采用节点上、下柱反弯点之间的距离。

《混凝土结构设计规范》11.6.2 条的解释如下：

H_c——节点上柱和下柱反弯点之间的距离。

可见，完全可以不用“计算高度”这个词，免得造成与“计算长度”的混淆。

有人或软件就将柱计算高度等同于柱计算长度，即将 H_c 等同于轴心受压框架柱计算长度 l_0，即取 H_c 为 $1.25H$，由公式(2-1)可见 H_c 取值大，使得算出的框架梁柱节点剪力值偏大，原本满足强度要求的节点，变得不满足强度要求了。

2.6 规定受压构件与受拉、受弯构件截面一侧最小配筋率的作用不同

规定受拉、受弯构件截面一侧最小配筋率的作用是为了防止构件截面受拉侧一开裂，钢筋即受拉屈服，很快被拉断，构件的破坏特征与无钢筋的素混凝土构件破坏特征类似，应严格禁止。混凝土结构设计规范考虑到混凝土抗拉强度的离散性及其他因素，规定这类构件截面一侧最小配筋率取 $0.45 f_t/f_y$ 和 0.2% 的较大值。

受压构件是指柱、压杆等截面长宽比不大于 4 的构件。规定受压构件最小配筋率的目的是改善构件的性能，避免混凝土突然压溃，并使受压构件具有必要的刚度和抵抗偶然偏心作用的能力。混凝土结构设计规范规定这类构件截面一侧最小配筋率取 0.2%。

以上是混凝土结构设计规范 GB 50010—2010 第 8.5.1 条规定，有的教科书将受拉、受弯构件的最小配筋率用于受压构件

概念上也是不对的。

2.7 规范对框架柱的挠曲二阶效应计算方法对各种细长比的柱都适用吗

如前所述，柱分为短柱、中长柱和细长柱。因二阶效应计算是针对杆件自身挠曲对杆件承载力（强度）的影响而提出的，所以它适用于中长柱。因细长柱的破坏不是强度破坏，而是失稳破坏，所以挠曲二阶效应分析不适用于细长柱，即不适用于防止失稳破坏。如2.1节所述，细长柱是长细比不小于30的柱。

我国规范的挠曲二阶效应计算方法是参考美国混凝土规范来的。美国混凝土规范ACI[8]就规定当kl_u/r大于100时，不应按中长柱考虑二阶效应的方法计算。这里l_u是杆件侧向支点间净距离，即楼板、梁或其他可作为该受压构件的侧向支撑构件之间的净距离，当有柱帽或梁腋时，l_u从考虑平面内的柱帽或梁腋的下边缘算起；r是截面回转半径，它约等于矩形截面受压构件在考虑稳定性的方向的截面总高的0.3倍。对于无侧移框架中的受压构件，有效长度系数k应取为1.0，这样kl_u/r等于100相当于长细比等于33.3。再考虑到l_u比我国规范的l_c取值小，可见美国规范对中长柱的挠曲二阶效应计算方法的适用范围与《混凝土结构设计规范》GB 50010—2002条文说明提出的长细比l/h不大于30是相近的。

柱长细比超过限值后，应当采用防止失稳破坏的方法去计算。

2.8 小偏心受压柱，截面远侧纵向钢筋有时会被压屈服

很多混凝土教科书这样写：“小偏心受压破坏形态的特点是混凝土先被压碎，‘远侧钢筋’可能受压也可能受拉，但都不

屈服。”

小偏心受压构件“远侧钢筋”受压时不会被压屈服？是不是概念错啊！反向破坏也属于小偏心受压破坏啊。即便不是反向破坏，也有可能远侧钢筋被压屈服啊，如偏心距很小，接近轴心受压时，而轴心受压破坏时所有纵向钢筋都被压屈服。

柱受压破坏时，离作用力近的一侧混凝土压应变达到 $\varepsilon_u=0.0033$，以 500 级钢筋为例，钢筋压屈服时的应变 $\varepsilon_y=f'_y/E_s$，只有 $410/200000\approx0.002$ 左右，可见截面一侧压应变为 0.0033，截面另一侧压应变不小于 0.002 的可能性会很大，即有很多情况下，“远侧钢筋”被压屈服。这也就是教科书接下来要推导这种情形的计算公式，并配有计算例题。

2.9 小截面尺寸柱混凝土强度不再乘折减系数 0.8

《混凝土结构设计规范》GB 50010—2010 第 4.1.4 条已取消了当截面尺寸小时混凝土强度乘折减 0.8 的规定。2002 及以前的规范才对设计强度有折减的规定。为什么取消了？《混凝土结构设计规范》GB 50010—2010 第 4.1.4 条的条文说明，疑似没给出真正原因，说是“该规定源于苏联规范，最近俄罗斯规范已经取消。”可以理解为现在材料质量及施工工艺已能保证一般小尺寸构件的强度达到要求（甚小尺寸的构件规范不允许采用）。仍有很多教科书还写有 2002 规范的规定，且配有按此计算的算例，是不应该的。

2.10 混凝土受压构件破坏准则

规范[4]公式（6.2.4-3）中的 ζ_c 是截面曲率修正系数，所谓修正是对相对于大、小偏心界限破坏时曲率的修正。

试验表明，大偏心受压破坏时，实测曲率 φ 与大、小偏心

界限破坏时的曲率 φ_b 相差不大；小偏心受压破坏时，曲率 φ 随偏心距的减小而降低。其原因是截面离压力较远一侧的应变比界限破坏时的应变要小，从而使得截面曲率 φ 变小。显然，截面离压力较远一侧的应变与杆件所受压力大小有关，压力越大，该处应变较界限破坏时的应变小得越多。所以规范用界限破坏时的轴向压力（近似为 $0.5f_cA$）除以轴力，即下式，来确定截面曲率修正系数：

$$\zeta_c = \frac{0.5f_cA}{N} \qquad \text{规范式（6.2.4-4）}$$

为讲述方便，混凝土结构教材先给出大偏压时的曲率，即大、小偏心界限破坏时的曲率，这点一般教科书都没有问题。在接下来讲述小偏压状态时，有的教材就犯了错误，如下：

“对于小偏心受压构件，离纵向力较远一侧钢筋可能受拉不屈服或受压，且受压区边缘混凝土的应变值 ε_c 一般也小于 0.0033，截面破坏时的曲率小于界限破坏时曲率 φ_b 值。”

概念错误的很严重，因是在讲承载力极限状态时的曲率，而受压区边缘混凝土的应变值 ε_c 小于 0.0033，则表明构件没破坏啊，即没达到承载力极限状态！那推导此公式有什么用呢？

受压应变达到或超过 0.0033（一般是超过，因规范有安全裕量又有钢筋约束）构件才破坏，长期荷载作用下由于徐变和收缩更要远超 0.0033，规范是采用 1.25 倍的 0.0033。

2.11 工字形截面柱小偏心受压的判别

工字形截面偏心受压计算图形如图 2-3 所示。这里只讲对称配筋的情形。

1）中和轴位于受压翼缘，即 $x \leqslant h'_f$，其受力情况和宽度为 b'_f、高度为 h 的矩形截面相同，基本方程为：

$$N = \alpha_1 f_c b'_f x + f'_y A'_s - f_y A_s \qquad (2-2)$$

$$Ne = \alpha_1 f_c b'_f x(h_0 - 0.5x) + f'_y A'_s(h_0 - a'_s) \qquad (2-3)$$

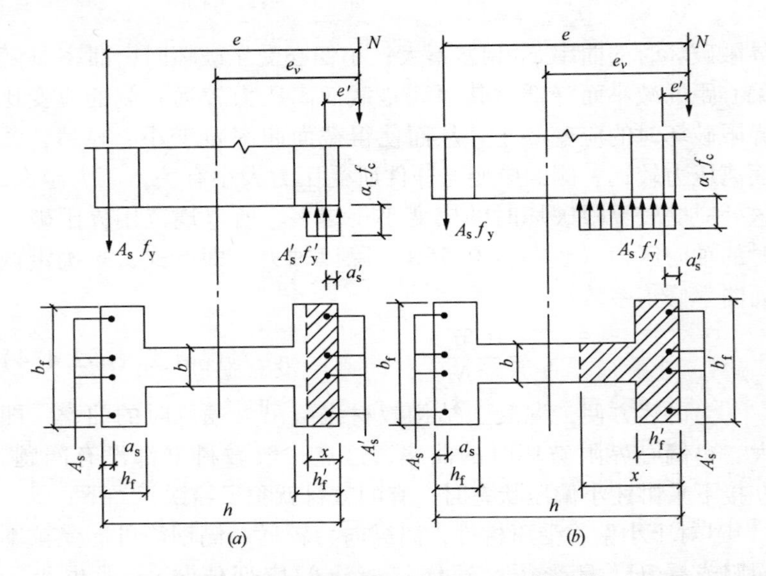

图 2-3　工字形截面大偏心受压计算图形

（a）中和轴通过翼缘计算图形；（b）中和轴通过腹板计算图形

2）中和轴位于腹板，即 $x > h_f'$，基本方程为：

$$N=\alpha_1 f_c[bx+(b_f'-b)h_f']+f_y'A_s'-f_yA_s \tag{2-4}$$

$$Ne=\alpha_1 f_c[bx(h_0-0.5x)+(b_f'-b)h_f'(h_0-0.5h_f')]+f_y'A_s'(h_0-a_s') \tag{2-5}$$

算题时，要先算出混凝土受压区高度 x，判断是 $x \leqslant h_f'$，还是 $x > h_f'$，再决定下一步使用哪个基本方程。没算出 x 前还不知该用哪个方程计算它，所以一般可先用第一个方程计算，由于对称配筋，即 $f_yA_s=f_y'A_s'$，得：

$$x=\frac{N}{\alpha_1 f_c b_f'} \tag{2-6}$$

注意它是由第一个方程计算出来的，所以它的适用范围就是 $x \leqslant h_f'$，若超出了此范围，则该 x 不成立，即不能再使用。

有的教材对 $x > h_f'$时，用式(2-6)及式(2-5) 加上 $f_y'A_s'=f_yA_s$，可求得钢筋截面面积。显然是错了，犯了没注意公式适用范围的错误。在 $x > h_f'$范围，须改用式（2-7），即由第 3 个方向导出的计算受压区高度公式来算。

$$x = \frac{N - \alpha_1 f_c (b_f' - b) h_f'}{\alpha_1 f_c b} \tag{2-7}$$

这样配筋计算才能得到正确结果。

2.12 如何判别柱是小偏心受拉

混凝土受压强度较高，受拉时几乎没有强度，此情况下靠柱中的钢筋承担拉力，尤其是小偏心受拉时。因此规范对此有严格的设计规定。

为避免在地震作用组合作用下钢筋混凝土柱全截面受拉（即小偏心受拉），使纵筋受拉屈服，以后再受压时，由于包兴格效应,导致纵筋提早被压屈,《建筑抗震设计规范》GB 50011—2010 第 6.3.8 条规定柱纵筋总截面面积计算值增加 25%。《混凝土结构设计规范》GB 50010—2010 第 6.2.23 条及钢筋混凝土结构教材只给出了矩形截面单向偏心受拉时大小偏心状态的判别公式。现在结构设计中普遍采用三维有限元软件计算，这些软件均可输出柱的轴向（拉）力和双向偏心距。如果在地震作用组合下柱受拉的话，结构中的绝大多数边、角柱均处于双向偏心受拉状态，另外，对于矩形和非矩形截面柱受拉时也无可用公式判别其属于全截面受拉与否。这给规范条文规定的执行带来障碍。例如，2003 年 7 月出的《新规范 PKPM 设计软件实作手册》[9]第 45 页称：“在双偏拉时由于无法确定是否为小偏心而无法考虑”，即未按抗震规范去做。因此很有必要给出简便易行的大小偏心受拉判别方法，以解设计之急需。这里提出下述方法[10]，供大家参考。

对于单向小偏心受拉（即全截面受拉）构件，《混凝土结构设计规范》GB 50010—2010[4]第 6.2.23 条的判别条件是轴向拉力作用在钢筋 A_s 与 A_p 的合力点和 A_s'与 A_p'的合力点之间。可看出，对于双向偏心受拉的矩形截面，只要轴向拉力作用点处于截面纵向钢筋包围的面积（图 2-4 虚线所示）之内，则全截面均受拉，因其在截面两主轴方向均满足混凝土规范第 6.2.23 条的判别条件，否则为大偏心受拉。

对于任意形状（如“工”、“L”、“T”、“ +”、“Z” 形等）截面，当轴向拉力作用点处于截面外侧纵向钢筋连线围成的外凸的面积之内（例如图 2-4 示的“ + ”形截面虚线所示），则属于全截面均受拉。对于“工”、“L”、“T”、“Z” 等形状的截面也同样。以下以一偏心受拉的 L 形截面构件为例给出力学证明。

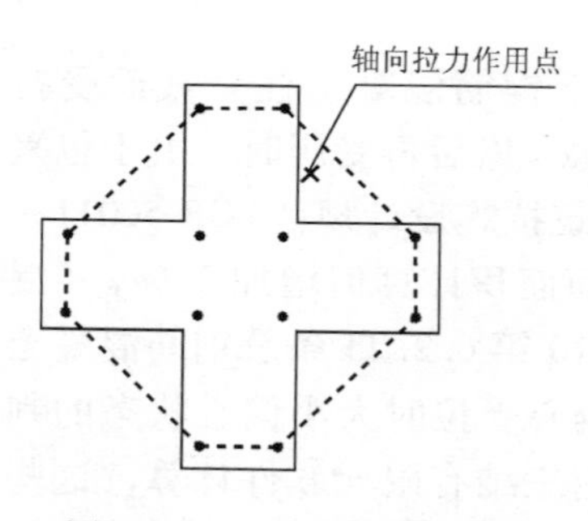

图 2-4 “ + ”形截面柱小偏心受拉

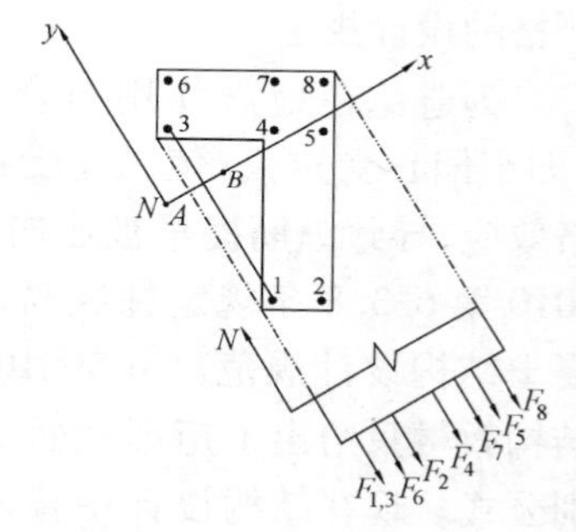

图 2-5 L 形截面力分布

图 2-5 示一 L 形截面，轴向拉力作用在 A 点，以 A 为坐标原点，以垂直于 L 形截面纵筋位置连线围成的外凸面积相邻的边的直线为 x 轴，以此轴的垂线为 y 轴。由截面应变保持平面的假定，且不计混凝土的抗拉强度，截面上的力在 x—y 平面的投影如图 2-5 下部。根据绕 y 轴的弯矩平衡，截面上所有的力对 o 点取矩，可得：

$$M_{\mathrm{y}} = \sum_{i=1}^{8} F_i x_i = 0 \tag{2-8}$$

式中 F_i——第 i 根钢筋拉力（正为拉，负为压）；

x_i——第 i 根钢筋的 x 坐标。

由式（2-8）可见，如 F_i 均为正，即所有钢筋均受拉力作用（小偏心受拉），要使式（2-8）成立，x_i 必须不全为正或不全为负，此情况对应于外拉力作用在图中 B 点位置（以 B 点为坐标原点，$x_1<0$、$x_3<0$ 等），由此证明外拉力作用点在钢筋中心连线围成的外凸面积之内是小偏心受拉的必要条件。

反之，如果 x_i 有正有负，即外拉力作用点在钢筋中心连线围成的外凸面积之内，所有钢筋力 F_i 必定全为拉力。证明如下：若钢筋所受的力有拉力也有压力，由平截面假定，受拉力的钢筋和受压力的钢筋必各分布在截面的两不同端（图 2-6），对力 N 作用点取矩可见，这将不满足弯矩平衡方程式（2-8），就是讲这种情况是不存在的。由此证明了外拉力作用点在钢筋中心连线围成的外凸面积之内是小偏心受拉的充分条件。

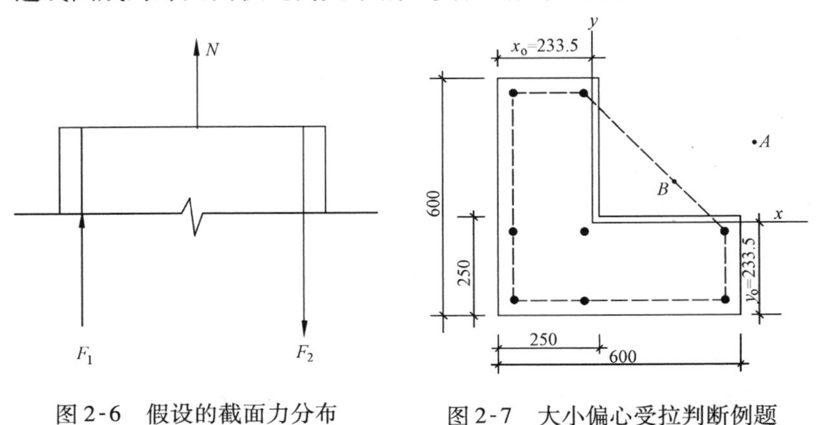

图 2-6　假设的截面力分布

图 2-7　大小偏心受拉判断例题（长度单位：mm）

对于外拉力正好作用在钢筋中心连线围成的外凸面积边线上的情况，由力的平衡，只有此线上的钢筋受力且与外力平衡，其他钢筋不受力，参照矩形截面小偏心受拉判断准则，此情况也定为小偏心受拉。

对于“工”、“L”、“T”、“Z”等形状的截面也同样。只要给出截面形状及钢筋摆放位置，即可写出类似于混凝土规范第

6.2.23 条的判别条件公式。因规范处理的是一维问题，双向偏心受拉是二维问题，处理起来要略复杂些，手算略微麻烦些，好在大多数设计均使用计算机完成，可交给软件开发人员去做。

算例，L 形柱截面如图 2-7 所示，受到水平地震作用、永久荷载、可变荷载组合后（关于截面形心）的内力为：$N=10\text{kN}$；$M_x=4\text{kN}\cdot\text{m}$、$M_y=2\text{kN}\cdot\text{m}$。于是关于截面形心的偏心距 $e_x=M_x/N=400\text{mm}$、$e_y=M_y/N=200\text{mm}$。画出来为图 2-7 中的 A 点（400+235.5，200+235.5），这里 235.5 是截面形心轴至截面左下角的距离，由本节判断准则和图形可见，显然这种内力组合下是大偏心受拉柱。若上面的拉力不变，两方向弯矩均减小至原来值的 1/2，则 $e_x=M_x/N=200\text{mm}$、$e_y=M_y/N=100\text{mm}$。画出来为图 2-7 中的 B 点（200+235.5，100+235.5），由图形判断此时为小偏心受拉（拉力作用点在钢筋中心连线围成的外凸面积之内）；此情况应按《建筑抗震设计规范》GB 50011—2010 第 6.3.8 条规定，对此内力组合下的计算所得柱纵筋总截面积值增加 25% 进行配筋。

文中提出了任意形状截面双向拉弯柱大、小偏心状态的判别方法，且简便易行。克服了《建筑抗震设计规范》关于高地震烈度区钢筋混凝土框架柱小偏心受拉状态配筋规定执行的困难。

2.13 异形柱截面的剪力中心往往在截面内

截面的剪切中心，也称弯曲中心，是指截面的横向力（垂直于杆件轴线的力）在截面上产生剪应力的合力如果通过该中心，则截面只发生弯曲变形而无扭转变形，如剪应力合力不通过该中心，则截面既发生弯曲变形又发生扭转变形。因没有其他要求，故以上论述对于横向力不通过或不平行于截面主轴也成立。

钢筋混凝土异形截面柱在很多方面受力性能不如矩形截面

柱，为说明这点，有些人讲：“异形柱截面由于多肢的存在，其截面的剪力中心往往在截面外，由此造成异形柱发生扭转破坏。”这样的论述有偏差。

因目前混凝土异形柱结构设计规程 JGJ 149—2006 规定可以采用的异形柱截面形式只有三种，即L形、T形和十形截面，由材料力学[11]，这三种截面的剪切中心均在其两正交肢中心线的相交处，当然也是在截面内。

将来规程允许建造Z形柱，其剪切中心也在截面范围之内。L形、T形、十形、Z形截面剪切中心位置如图2-8所示。

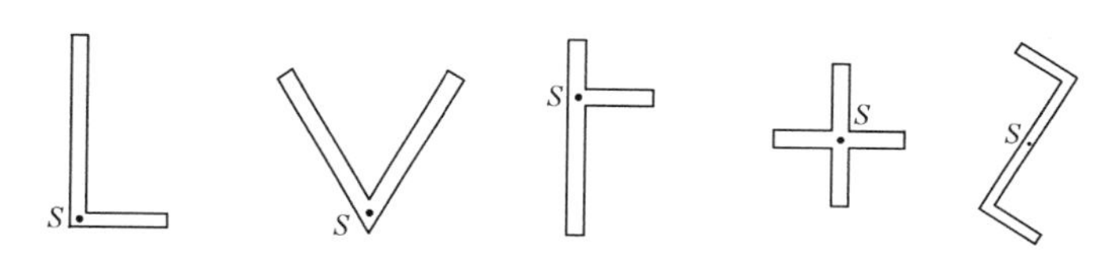

图2-8　L形、T形、十形、Z形截面剪切中心位置

参考文献

[1] 王传志，滕智明．钢筋混凝土结构理论［M］．北京：中国建筑工业出版社，1985

[2] 混凝土结构设计规范 GB 50010—2002［S］．北京：中国建筑工业出版社，2002

[3] 王依群．混凝土结构设计计算算例［M］．北京：中国建筑工业出版社，2012

[4] 混凝土结构设计规范 GB 50010—2010［S］．北京：中国建筑工业出版社，2011

[5] Monual De Calcul CEB-FIP，Flambement instabilite［S］. Bulletin D' Information，No. 93，CEB，1973

[6] E. L. Wilsonetl. Static and Dynamic Analysis of Multi-Story Building Including *P-Δ* Effects，Earthquake Spectra，1987，2

[7] 建筑抗震设计规范 GB 50011—2010 [S]. 北京：中国建筑工业出版社，2010

[8] ACI Committee 318, Building code requirements for structural concrete (ACI 318-08) and commentary (ACI 318-08 and ACI 318R-08) [S]. Michigan, Farmington Hills, 2008

[9] 中国建科院 PKPMcad 工程部编：新规范 PKPM 设计软件实用手册

[10] 王依群，梁发强. 任意形状截面双向偏心受拉构件大小偏心的判别 [J]. 工程抗震与加固改造，2006，28 (6)：78 ~ 80

[11] S. 铁摩辛柯，J. 盖尔：材料力学 [M]. 北京：科学出版社，1978

第3章 梁 板

3.1 梁板弯矩调幅与否要与塑性或弹性分析方法协调

采用梁弯矩调幅方法时，其内力应由塑性分析方法得来，不能用弹性方法。如采用弹性方法得来的内力，会达不到节省钢筋的目的（仅仅是连续梁板中间支座的弯矩取值变小，总的配筋没有降下来）。

弯矩调幅法正确的步骤是：第一步用弹性方法算内力（弯矩），有一截面弯矩调幅后，如连续梁某支座截面调幅后，就认为该截面进入塑性铰，弯矩值不再改变。然后，再增大荷载幅值，重新计算整个连续梁的内力。这时已是按弹塑性方法计算内力了（因有的截面按塑性铰确定其承担的弯矩），不能再称为按弹性方法算内力了。

3.2 双筋梁截面受压区高度为什么可取界限受压区高度

单筋梁划分适筋梁还是超筋梁的界限受压区高度是根据梁所用的混凝土和钢筋强度等级及其弹性模量计算确定的。相对受压区高度 ξ 是截面受压区高度 x 除以截面有效高度 h_0，即 $\xi = x/h_0$。界限受压区高度为：

$$\xi_b = \frac{\beta_1 \varepsilon_{cu}}{\varepsilon_{cu} + \varepsilon_y} = \frac{\beta_1}{1 + \frac{f_y}{\varepsilon_{cu} E_s}} \qquad (3\text{-}1)$$

它是个理论值，具体施工时，由于材料性能可能会有变化，所以为防止出现超筋梁，设计时要留有一定的裕量，如美国设计规定取 $\xi \leqslant 0.75\xi_b$。我国《水工混凝土结构设计规范》SL 191—2008[1]取 $\xi \leqslant 0.85\xi_b$。

可在推导双筋梁计算公式时，则取 $\xi = \xi_b$，这不会出现脆性破坏吗？原因是，双筋梁的情况与单筋梁的情况不同，ξ_b 是按梁混凝土受压边缘最大压应变达到 $\varepsilon_{cu} = 0.0033$ 计算出的，单筋梁此时就可能被压坏，而双筋梁由于在其受压边缘配有纵向受压钢筋和较多的箍筋，对混凝土有所约束，其最大压应变会超过 0.0033，按最大应变 0.0033 计算的结果是，它不会发生脆性破坏。

3.3 梁高超过800mm受剪承载力仍在提高

《混凝土结构设计规范》GB 50010—2010 第 6.3.3 条如下：

不配置箍筋和弯起钢筋的一般板类受弯构件，其斜截面受剪承载力应符合下列规定：

$$V \leqslant 0.7\beta_h f_t b h_0 \qquad \text{规范式 (6.3.3-1)}$$

$$\beta_h = \left(\frac{800}{h_0}\right)^{\frac{1}{4}} \qquad \text{规范式 (6.3.3-2)}$$

式中 β_h——截面高度影响系数：当 h_0 小于 800mm 时，取 $h_0 =$ 800mm；当 h_0 大于 2000mm 时，取 $h_0 = 2000$mm。

有教材的作者讲，当构件截面高度超过 800mm，随构件截面高度增大，构件受剪承载力会降低。构件厚度加大受剪承载力怎么会降低？不做试验也能知道，受剪承载力会提高，只是提高的幅度可能没有薄板增长的快了而已。

从规范式（6.3.3-1）、式（6.3.3-2）可见，受剪承载力 V（随着截面高度增加）一直没有降低（还在增加），只是在

2000mm 后 β_h 不再增加，h_0 增加、V 还在增加。

将规范公式计算结果画出图，如图 3-1 所示。图 3-1 中标识符“+”的点画的是 $0.7\beta_h h_0$，即略去了常数项。可见，规范给出的公式体现了随着构件截面高度的增加，其受剪承载力一直在提高的事实。

降低的是（名义）剪应力，因剪应力公式中扣除了截面高度因素。上述教材作者错误在于将承载力与截面剪应力混淆了。

图 3-1 中标识符“×”的点画的是 h_0 在区间 800 ~ 2000mm 时用线性插入代替规范公式的结果点。可见，线性内插与规范的 1/4 次幂公式的结果相差很小，最大误差为 3.12%，完全可以用线性公式替换。

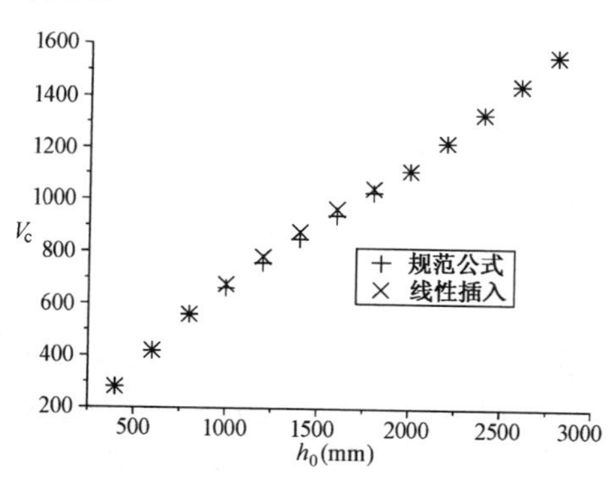

图 3-1 随截面高度变化的截面承载力

建议上面规范条文修改为：$h \leqslant 800$，β_h 取 1；$h \geqslant 2000$，β_h 取 0.8；其间按线性内插取用。这样就将复杂的 1/4 幂表达式简化了。

3.4 当剪力很小时，只需要满足箍筋最小直径要求和箍筋最大间距要求

当梁所受剪力较小而梁截面尺寸较大，满足下列条件时，

可按构造要求配置箍筋，这里的构造要求包括箍筋最小直径、箍筋最大间距，不包括最小配箍率。

$$V \leqslant 0.7 f_t b h_0 \tag{3-2}$$

剪力相对于截面承载力较小，截面承载力没有问题，但可能会出现较大裂缝。所以这样要求，是由于试验表明，箍筋的分布对斜裂缝开展宽度有显著的影响。如果箍筋间距过大，则斜裂缝可能不与箍筋相交，或者相交在箍筋不能充分发挥作用的位置，使得箍筋不能有效地抑制斜裂缝的开展。因此，一般应采用直径较小、间距不太大的箍筋，可不要求最小配箍率，具体要求见规范。当 $V > 0.7 f_t b h_0$ 时，箍筋配箍率尚应满足：

$$\rho_{sv} = \frac{A_{sv}}{bs} \geqslant \rho_{sv,min} = 0.24 \frac{f_t}{f_{yv}} \tag{3-3}$$

有的混凝土教材讲，不论什么时候，箍筋的配筋率都要满足最小配箍率，是与混凝土规范不一致的。

3.5 受扭构件不能没有纵向钢筋

混凝土构件受扭时，会沿构件截面边缘产生拉力和剪力，混凝土抗拉能力最差、抗剪能力也差，构件抗扭主要靠纵向钢筋和箍筋。两者缺一不可，要想让构件达到延性破坏，即破坏时纵筋和箍筋都能达到屈服强度，要求两者数量在一定比例之内，这就是规范规定受扭的纵向普通钢筋与箍筋的配筋强度比值 $0.6 \leqslant \zeta \leqslant 1.7$ 的原因。

$$\zeta = \frac{f_y A_{stl} s}{f_{yv} A_{st1} u_{cor}} \qquad \text{规范式（6.4.4-2）}$$

式中 ζ——受扭的纵向普通钢筋与箍筋的配筋强度比值，ζ 值不应小于 0.6，当 ζ 大于 1.7 时，取 1.7；

A_{stl}——受扭计算中取对称布置的全部纵向普通钢筋截面面积；

A_{st1}——受扭计算中沿截面周边配置的箍筋单肢截面面积；

u_{cor}——截面核心部分的周长，取为2（$b_{cor}+h_{cor}$）。

规范说ζ不应小于0.6，有的作者不按规范写，而写成当$\zeta<0.6$时，取$\zeta=0.6$，就是掩耳盗铃（只能骗自己）。规范要求$\zeta\geqslant0.6$是为防止桁架斜压杆倾斜角度过小，保证破坏时纵筋和箍筋都能达到屈服强度。当$\zeta<0.6$时，取$\zeta=0.6$是骗自己满足规范要求了（纵筋偏少并没有改变），其破坏模式将是规范力图避免的。极端情况$\zeta=0$就是没有纵向钢筋，没有纵向钢筋或有很少纵向钢筋的构件怎么能抵抗扭转破坏！必然发生少筋破坏现象。

3.6 支座负弯矩纵向钢筋的截断

钢筋混凝土梁支座截面负弯矩纵向受拉钢筋不宜在受拉区截断。当必须截断时，应符合以下规定：

1）当$V\leqslant0.7f_tbh_0$时，应延伸至按正截面受弯承载力计算不需要该钢筋的截面以外不小于$20d$处截断，且从该钢筋强度充分利用截面伸出的长度不应小于$1.2l_a$。

2）当$V>0.7f_tbh_0$时，应延伸至按正截面受弯承载力计算不需要该钢筋的截面以外不小于h_0且不小于$20d$处截断，且从该钢筋强度充分利用截面伸出的长度不应小于$1.2l_a+h_0$。

3）若按本条第1、2款（2002规范“本条第1、2款”处写的是“上述规定”）确定的截断点仍位于负弯矩受拉区内，则应延伸至按正截面受弯承载力计算不需要该钢筋的截面以外不小于$1.3h_0$且不小于$20d$处截断，且从该钢筋强度充分利用截面伸出的延伸长度不应小于$1.2l_a+1.7h_0$。

《混凝土结构设计规范》GB 50010—2010第9.2.3条已写得很清楚，即便是2002规范，从其条文说明也可看出“上述规定”是指“本条第1、2款”，可按《混凝土结构设计规范》GB 50010—2010编写的教科书仍有的还是写错了，如图3-2（a）所示。按规范以上的说法应至少改为图3-2（b）所示，如果最左面截断的梁下筋，断点还在负弯矩区间内（该图没标出负弯矩终止点），则也应与其上面两处钢筋截断的方式相同，即应延伸至按正截面受弯承载力计算不需要该钢筋的截面以外不小于 $1.3h_0$ 且不小于 $20d$ 处截断，且从该钢筋强度充分利用截面伸出的延伸长度不应小于 $1.2l_a+1.7h_0$，见图 3-2（b）。

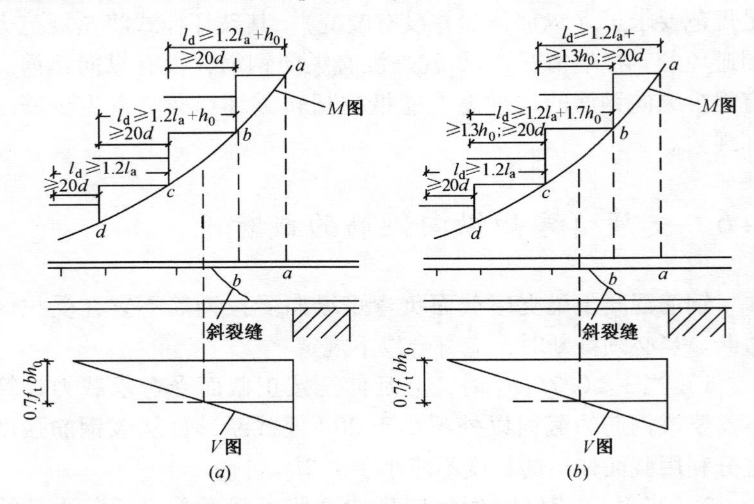

图 3-2　支座负弯矩纵向钢筋的截断

3.7　低周反复荷载作用下混凝土抗剪强度要乘折减系数

对照混凝土规范静载下和地震作用下的受剪承载力计算公式，会发现几乎所有后者式中混凝土抗力项都相当于静载下公式相同项乘 0.6 的系数。其原因在混凝土规范第 11.3.4 条的条文说明中给出了，如下：

国内外低周反复荷载作用下钢筋混凝土连续梁和悬臂梁受剪承载力试验表明，低周反复荷载作用使得梁的斜截面受剪承载力降低，其主要原因是起控制作用的梁端下部混凝土剪压区因表层混凝土在上部纵向钢筋屈服后的大变形状态下剥落而导致的沿斜裂缝混凝土咬合力及纵向钢筋暗销力的降低。试验表明，在受剪承载力试验值下的下包线作为计算公式的取值标准，将混凝土项取为非抗震情况下的60%，箍筋项则不予折减。

另外，对截面限制条件，则一般将混凝土项取为非抗震情况下的80%，对剪跨比较小的情况则取为非抗震情况下的60%，例如规范对抗震设计的框架梁截面限制条件式（11.3.3）与式（6.3.1）相比。

受冲切与受剪的机理类似（一个是一维受剪力，一个是二维受剪力），所以受冲切板的截面限制式（11.9.4-1）的混凝土强度项系数1.2也应乘0.8来考虑往复荷载下的混凝土抗剪强度的降低影响。

3.8 相邻跨度不等的连续板，邻中间支座的短跨负筋长度取值

楼板的支座负筋按照混凝土规范的要求取受力边长度的1/4就行了，但是如果一跨的1/4是1200mm而另一跨的1/4是500mm。这时是按规范取1200和500就行了，还是要把500放长一些啊，是否只要满足锚固长度就行了?

这里短跨的负筋也应按长的取，因为是同一支座，同样大（是同一个）的负弯矩，支座两侧负弯矩减小所需的长度相近。

3.9 主梁、次梁、楼板负筋哪个在上

主梁、次梁、楼板相交处，由于顶面相同，负弯矩钢筋哪个放在上、哪个放在下，有人搞不清。有人认为主梁负弯矩钢筋放在最上面，次梁负钢筋放在主梁钢筋下面，楼板的负钢筋放在最下面，理由是主梁最重要，次梁次之，楼板再次之，所

以将保证主梁的有效高度 h_0 放在第一位，再依次是次梁、楼板。

本人认为正好相反。原因是主梁的截面高度最大，次梁的截面高度次之，楼板的截面高度最小，各自负弯矩钢筋重心至截面上边缘的距离 a_s'，相对于各自的截面高度的比例则正好相反，即楼板、次梁、主梁的截面有效高度受 a_s'大小的影响依次从大到小。如果主梁负弯矩钢筋（假设其是一排筋，直径是 d）放在最上边，则次梁的负弯矩钢筋就要放在主梁负弯矩钢筋下面，由此造成次梁的 a_s'偏大，次梁的 h_0 减小 d，因次梁截面高度比主梁截面高度小，所以其 h_0 减小 d，比主梁 h_0 减小 d，对次梁承载能力的影响要比主梁的影响大。同样道理对楼板也成立。因此，正确的位置是楼板负弯矩钢筋放在最上面，次梁钢筋在中间，主梁负弯矩钢筋放在最下边。实际上，设计截面时也是这样确定三者各自的截面有效高度的，即这样放置钢筋与设计一致。

3.10 预应力构件正常使用极限状态验算的荷载组合

《混凝土结构设计规范》GB 50010—2010[2]第三章基本设计规定要求对于预应力混凝土受弯构件的最大挠度应按荷载的标准组合，并考虑荷载长期作用的影响进行计算，其计算值不应超过规定限值。

还规定，允许出现裂缝的构件，对预应力混凝土构件的裂缝宽度按荷载的标准组合，并考虑荷载长期作用的影响进行计算，其计算值不应超过规定限值。

有的教材对以上两情况，均讲要按荷载准永久组合并考虑长期作用影响计算，将预应力混凝土构件等同于钢筋混凝土构件处理，与规范要求不符，造成学习者思想混乱。

3.11　用软件算得的梁配筋数据画图时，为什么上部纵筋可以少配些

问：根据PKPM计算所得的梁配筋数据画梁图时，为什么上部纵筋可以卡到配（够配就行）呢?

答：PKPM是按矩形梁配的筋，楼板按板受弯又单独配了钢筋，实际上，考虑梁侧楼板，梁是T形梁，梁侧板中的钢筋起到了梁负钢筋的作用。这样算来，梁的负弯矩钢筋是多配了，所以梁负筋可以少配些（对于梁侧无楼板的梁不能少配）。

汶川地震中“强梁弱柱”型破坏普通的主要原因就在于此，所以抗震设计时，梁的负弯矩钢筋一定要少配些，详见本书第4章。

目前，设计软件追求做到“傻瓜”型，设计人可不能做“傻瓜”！很多人不看软件说明书，不想了解软件的编制原理，软件对规范的执行程度，对宣传的“软件全面执行”规范信以为真。事实上，全面执行规范一直是软件的努力目标，大多数规范条文执行了，有些条文变通地执行了，有些条文没执行，这也与规范编制有关，因有些条文要变成软件很困难，或很难实现。

了解软件编制原理，才能对其计算结果正确判断，做出适当处理。

参考文献

[1] 水工混凝土结构设计规范 SL 191—2008 [S]. 北京：中国水利水电出版社，2009

[2] 混凝土结构设计规范 GB 50010—2010 [S]. 北京：中国建筑工业出版社，2011

第4章 抗震设计

4.1 结构自振周期值与 $P\text{-}\Delta$ 效应无关

问题：考虑 $P\text{-}\Delta$ 效应影响吗，即是否考虑 $P\text{-}\Delta$ 效应所得到的结构自振周期不一样？

计算结构自振周期都假设是在微小变形，且线弹性状态下进行，因此计算过程中和计算结果都与 $P\text{-}\Delta$ 效应无关，因 $P\text{-}\Delta$ 效应已不是微小变形，并属于非线性状态了。

4.2 计算的结构自振周期与阻尼比无关

通常计算结构自振周期都采用实模态方法，认为无阻尼的情况下求得的。即便是有阻尼结构，也令其阻尼是零，就是假设为无阻尼的结构，这样形成齐次二阶方程，经计算得到的结构自振周期。

至于随阻尼比的增大，结构振动周期的变长，对于一般结构，阻尼比均较小（小于5%），影响不大，即结构自振周期变长的幅度很小，对于土建结构可以忽略不计。

4.3 关于计算异形柱结构自振周期的折减系数

异形柱介于矩形柱与混凝土剪力墙之间，即如果其截面肢长再大些，就是剪力墙中的一类“短肢剪力墙”，故其刚度比矩形柱略大，因此计算异形柱结构的自振周期时，考虑的周期折减系数应介于矩形柱框架结构与矩形柱框架-剪力墙结构的相应系数之间，且向框架-剪力墙结构靠近些。

朱炳寅在其《建筑结构设计问答及分析》[1]书中论述：有的地区限定周期折减系数不得超过某一数值，以此作为增大地震作用的一种途径，尽管最终结果与调整地震作用的放大系数相近，但概念混淆，不建议推广。值得学习，因规范或规程在地震作用或抗震等级划分已有相应考虑，此处就不要考虑。

4.4 极限位移 Δu 的定义

大家知道位移延性系数值就是极限位移除以屈服位移。屈服位移指截面、构件或结构屈服（混凝土结构一般是外侧钢筋屈服）时的位移。极限位移是指结构抗侧移能力无明显的降低，且继续维持承受重力荷载的能力，所能达到的位移值。所谓无明显的降低时的变形，结构抗震试验方法规程 JGJ 101—86[2]规定是荷载下降至最大荷载的85%时的相应变形。

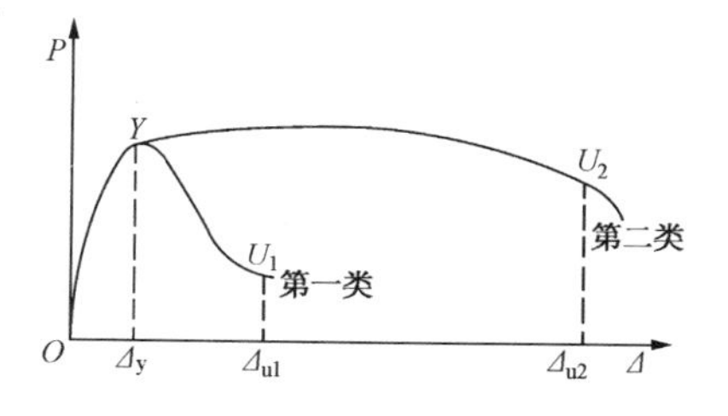

图 4-1 极限变形的错误画法

对照上面的说法，图 4-1 中的第一类曲线显然是错的，它大约比最大承载力降低了 70%，明显误导了读者。

4.5 柱剪力设计值计算

《混凝土结构设计规范》GB 50010—2010 对一至三级抗震设计的框架柱、框支柱剪力设计值给出了基于手算的计算公式。现在设计中普遍采用电算，由于认识不同，存在着两种不同算法，其结果差异较大，为搞清这个问题，本节以一算例演示两种方法的计算过程，分析差异产生的原因及计算方法的适用性[3]。

《混凝土结构设计规范》GB 50010—2010 第 11.4.3 条对二至四级抗震设计的框架结构柱剪力设计值给出了基于手算的计算公式：

$$V_{\mathrm{c}} = \eta\left(\frac{M_{\mathrm{c}}^{\mathrm{t}} + M_{\mathrm{c}}^{\mathrm{b}}}{H_{\mathrm{n}}}\right) \tag{4-1}$$

式中　η——增大系数，二、三、四级抗震等级分别取 1.3、1.2、1.1；

$M_{\mathrm{c}}^{\mathrm{t}}$、$M_{\mathrm{c}}^{\mathrm{b}}$——分别为有地震作用组合，且经调整后的框架柱上、下端弯矩设计值；

H_{n}——柱的净高。

如何在计算机编程和设计中实现，现有文献存在着两种方法。文献[4]主张“直接用框架计算简图中的层高代替柱净高，省却柱端弯矩考虑支座弯矩消减的麻烦”(第 123 页)。就是说可直接采用有限元算出的杆端剪力代替“柱上下端弯矩和除以柱净高”(因有限元算出的杆端剪力和弯矩形成了力平衡)。文献[5]、[6]将有限元算得的杆端弯矩代入式(4-1) 计算柱的剪力设计值。显然两种方法不同，造成结果差异很大。到底哪种方法计算结果更合理和接近实际呢？下面以一算例加以分析。

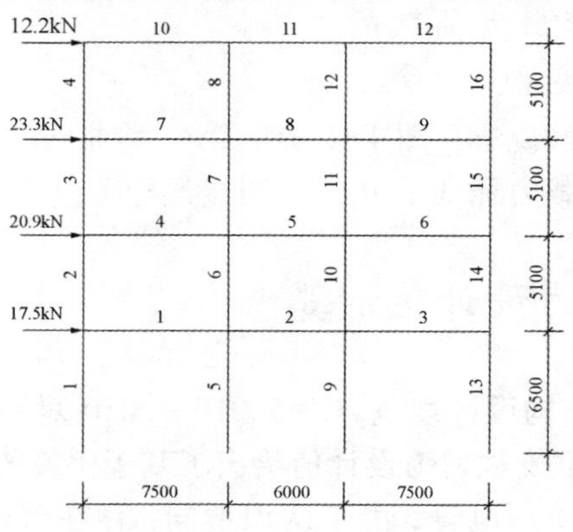

图 4-2　算例尺寸、单元编号、荷载分布

取文献［4］第238页算例，只计算其在水平力（左风荷载）作用下的内力。平面框架计算简图见图4-2。C20混凝土，梁截面尺寸 $b \times h = 0.3\text{m} \times 0.75\text{m}$；内、外柱截面尺寸 $b \times h = 0.4\text{m} \times 0.4\text{m}$、$0.4\text{m} \times 0.5\text{m}$。使用文献［7］的NDAS2D软件进行计算。算得底层边、中柱剪力分别为：22kN、15kN，底层剪力（各柱剪力和）为74kN，其与总外力 $12.2 + 23.3 + 20.9 + 17.5 = 73.9\text{kN}$ 相吻合。

NDAS2D软件算得的边柱上、下端弯矩为81kN·m、62kN·m；中柱上、下端弯矩为49kN·m、48kN·m。按文献［5］、［6］做法，即不考虑柱端支座弯矩消减，由式（4-1）（取增大系数=1）得边、中柱剪力：

$$V_c = \eta\left(\frac{M_c^t + M_c^b}{H_n}\right) = (81 + 62)/5.75 = 24.87\text{kN}$$

$$V_c = \eta\left(\frac{M_c^t + M_c^b}{H_n}\right) = (49 + 48)/5.75 = 16.87\text{kN}$$

则整个底层的剪力为：$2 \times (24.87 + 16.87) = 83.48\text{kN}$

如按文献［3］的做法，即考虑柱端支座弯矩消减，由式（4-1）（取增大系数=1）得边、中柱剪力：

$$V_c = \eta\left(\frac{M_c^t + M_c^b}{H_n}\right) = [(81 + 62)/5.75] \times 5.75/6.5 = 22\text{kN} \tag{4-2}$$

$$V_c = \eta\left(\frac{M_c^t + M_c^b}{H_n}\right) = [(49 + 48)/5.75] \times 5.75/6.5 = 14.92\text{kN}$$

则整个底层的剪力为：$2 \times (22 + 14.92) = 73.84\text{kN}$。此与作用于结构的外力73.9kN相吻合，各柱的剪力也与有限元算得的剪力相吻合。可见文献［4］的做法可行，它与《混凝土结构设计规范》GB 50010—2010第11.4.3条规定相当接近。文献［5］、［6］结果偏大是因为其没考虑柱端支座（梁柱重叠区）弯矩消减，本例如用文献［5］、［6］方法则结果偏大了 $83.48/73.84 = 1.143$ 倍。由式（4-2）可见，柱剪力就是有限元输出的柱两端弯矩之和除以层高（柱单元高）。

再考察中间层，例如二层柱的剪力值。NDAS2D 软件算得的二层边柱上、下端弯矩为 37kN·m、27kN·m；中柱上、下端弯矩为 40kN·m、40kN·m。假设水平荷载作用下反弯点在柱净高的中点，即离开二层地面（5.1－0.75）/2＝2.175m，因有限元柱单元自楼层地面划分，只对柱上端弯矩折减、即柱上端弯矩乘 2.175/（2.175＋0.75）＝0.7436。由式（4-1）（取增大系数＝1）得边、中柱剪力：

$$V_c = \eta\left(\frac{M_c^t + M_c^b}{H_n}\right) = (37 \times 0.7436 + 27)/4.35 = 12.53\text{kN}$$

$$V_c = \eta\left(\frac{M_c^t + M_c^b}{H_n}\right) = (40 \times 0.7436 + 40)/4.35 = 16.03\text{kN}$$

而 NDAS2D 输出该边、中柱的剪力分别为：13kN 和 16kN，可见文献［3］方法同样可较好地取得规范方法的结果。整个楼层的剪力 2×（13＋16）＝58kN 与作用在此楼层以上的水平荷载 56.4kN 也较好地吻合（注：NDAS2D 输出数值位数限制，也造成了部分差异）。若按文献［5］、［6］方法，不考虑柱端支座弯矩消减，则该层中柱剪力将达到（40＋40）/4.35＝18.39kN（偏大 1.147 倍）。

如果柱反弯点不是像假设的在柱净高中点，可能结果会有些变化，不过因楼层高度和梁高变化幅度有限，估计误差不会太大。

以上以风荷载为例说明柱剪力的计算，对于地震作用，随着楼层的增高层剪力逐渐减小，直接使用有限元柱端剪力产生的误差的绝对值会很小，不会对设计产生影响。

本节以算例展示了水平荷载作用下框架柱剪力设计值两种方法计算的过程，表明文献［4］建议的直接使用有限元柱端剪力的方法与规范手算公式方法效果相当，且简便可行。文献［5］、［6］算例计算时因没扣除柱端梁高范围的弯矩，算得的柱剪力过大，过大的程度随梁高与楼层高之比的加大而加大，将造成设计浪费。

4.6 斜向受剪应与单向受剪计算公式衔接

对于矩形柱斜截面受剪承载力按单向计算，《混凝土结构设计规范》规定如下：

矩形截面框架柱的斜截面应满足以下规定：

无地震作用组合：

$$V \leqslant 0.25\beta_c f_c b h_0 \tag{4-3}$$

有地震作用组合：

$\lambda > 2$ 时：

$$V \leqslant \frac{1}{\gamma_{RE}}(0.2\beta_c f_c b h_0) \tag{4-4}$$

$$\lambda \leqslant 2 \text{ 时：} V \leqslant \frac{1}{\gamma_{RE}}(0.15\beta_c f_c b h_0) \tag{4-5}$$

式中 λ——剪跨比，取柱上、下端弯矩较大值 M 与相应的剪力 V 和柱截面有效高度 h_0 的比值，即 $\lambda = M/(Vh_0)$；当框架结构的框架柱的反弯点在柱层高范围时，取 $\lambda = H_n/(2h_0)$，H_n 为柱的净高；当 $\lambda < 1.0$ 时，取 $\lambda = 1.0$；当 $\lambda > 3$ 时，取 $\lambda = 3$；

b、h_0——剪力作用方向的柱截面厚度、有效高度，两者乘积是截面有效面积。

公式（4-5）也适用于地震作用下的框支柱。

对于矩形柱斜截面受剪承载力按斜向计算，《混凝土结构设计规范》规定如下：

静载作用下双向受剪的钢筋混凝土框架柱，其受剪截面应符合下列条件：

$$V_x \leqslant 0.25\beta_c f_c b h_0 \cos\theta; \qquad V_y \leqslant 0.25\beta_c f_c b_0 h \sin\theta \tag{4-6}$$

式中 V_x——x 轴方向的剪力值，对应的截面有效高度为 h_0，截面宽度为 b；

V_y——y 轴方向的剪力值，对应的截面有效高度为 b_0，

截面宽度为 h；

θ——斜向剪力设计值 V 的作用方向与 x 轴的夹角，$\theta=\arctan(V_y/V_x)$

地震作用组合下双向受剪的钢筋混凝土框架柱，其受剪截面应符合下列条件：

$$V_x \leqslant \frac{1}{\gamma_{RE}} 0.2\beta_c f_c b h_0 \cos\theta; \qquad V_y \leqslant \frac{1}{\gamma_{RE}} 0.2\beta_c f_c b_0 h \sin\theta \qquad (4\text{-}7)$$

注意，这里《混凝土结构设计规范》的规定有疏漏，它没有划分一般柱还是短柱、框支柱，这与非斜向受剪承载力计算公式（4-4）、式（4-5）不能衔接。即没交代剪跨比不大于2的剪压比限值，而在单向受剪公式中就有剪跨比不大于2的剪压比限值。应该写成下面形式：

剪跨比 λ 大于2的框架柱：

$$V_x \leqslant \frac{1}{\gamma_{RE}} 0.2\beta_c f_c b h_0 \cos\theta; \qquad V_y \leqslant \frac{1}{\gamma_{RE}} 0.2\beta_c f_c b_0 h \sin\theta \qquad (4\text{-}8)$$

框支柱和剪跨比 λ 不大于2的框架柱：

$$V_x \leqslant \frac{1}{\gamma_{RE}} 0.15\beta_c f_c b h_0 \cos\theta; \qquad V_x \leqslant \frac{1}{\gamma_{RE}} 0.15\beta_c f_c b_0 h \sin\theta \qquad (4\text{-}9)$$

因地震作用下框架柱几乎都是斜向受剪，若按规范现在的写法，即不分是否短柱（或框支柱）都按放松了的（非短柱的）剪压比限制条件要求，势必造成设计结果不安全。

对框支柱的剪压比提高要求，是因为框支柱较为重要。

4.7 拉筋应紧靠纵筋并钩住外圈箍筋

拉筋钩住外圈箍筋因施工较麻烦、费工时，很多人不愿意这样做。美国ACI318规范就规定拉筋可以只钩住纵向钢筋即可，且拉筋可做成一端弯折90°，另一端弯折135°，以方便施工（图4-3）。《混凝土结构设计规范》GB 50010—2010征求意见稿也有这样的意图，但这样做是有缺点的。

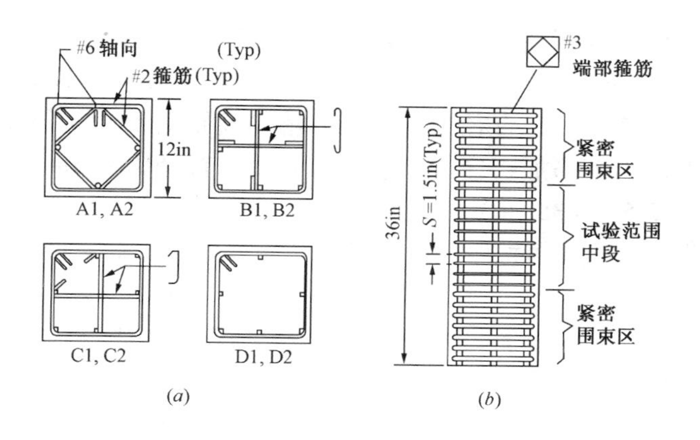

图 4-3 试件简图

（a）试验范围中段断面；（b）柱立面

拉筋钩住外圈箍筋才有可能达到抗震设计要求的柱侧移延性系数值，这是规范正式稿这样要求的原因，通过观看下面一系列试验的结果可了解其背景。Jack P. Modhle 和 Terry Cavanagh 在 1985 年的美国结构工程学报上发表了他们的试验研究文章[8]。他们共做了十个柱的试验，除两根是素混凝土的外，其余 8 根柱的配筋如图 4-3 所示。

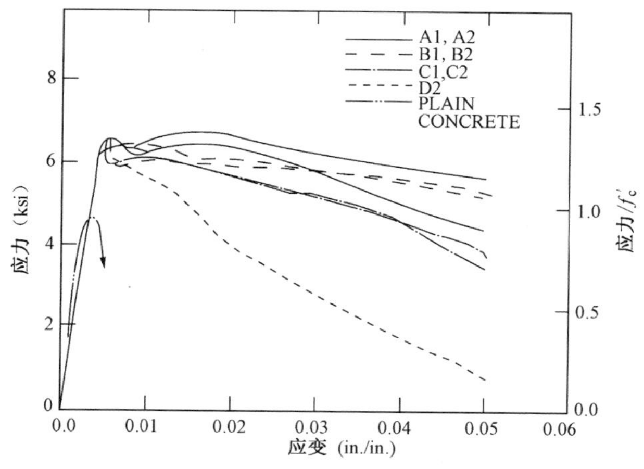

图 4-4 试件应力-应变图

试件截面尺寸 12in（305mm）×12in（305mm），试件高 36in（914mm），试验范围即试件中段，长 15in（381mm），此段箍筋为 2 号筋，直径为 6.3mm，箍筋间距为 1.5in（38mm）。试件两端为箍筋加密区，箍筋为 3 号筋，直径为 9.5mm，箍筋间距为 1.5in（38mm）。

混凝土圆柱体抗压强度 38MPa（相当于中国的 C50），所用钢筋强度等级 60ksi（413.7MPa）。

在单调一次性加载试验测得的结果如图 4-4 所示。

根据前述 Δu、Δy 确定准则，可知柱 A1、A2、B1、B2 延性较好，柱 C1、C2 延性略差、但还不是很差，柱 D2 延性很差不满足抗震要求。这是单调加载下的试验结果，如果是模拟地震作用的反复加载试验柱 C1、C2 的延性会更坏，因为它们拉筋的一端没有埋入柱核心区内，在反复荷载作用下其 90°弯折段会变直，对外圈箍筋的拉结作用会消失，柱的延性将接近于柱 D2 的效果。

以上是截面较小柱的情况，一般工程中柱截面尺寸都要大于上述试验柱。中国台湾张国镇等人曾做过比上述柱尺寸稍大的柱试验。其试件情况如表 4-1 所示，由于截面边长略大些，所以截面每侧放置 2 个一端弯折 90°、另一端弯折 135°的拉筋。

也是单调加载，试验如图 4-5 所示。可见柱的延性很差。

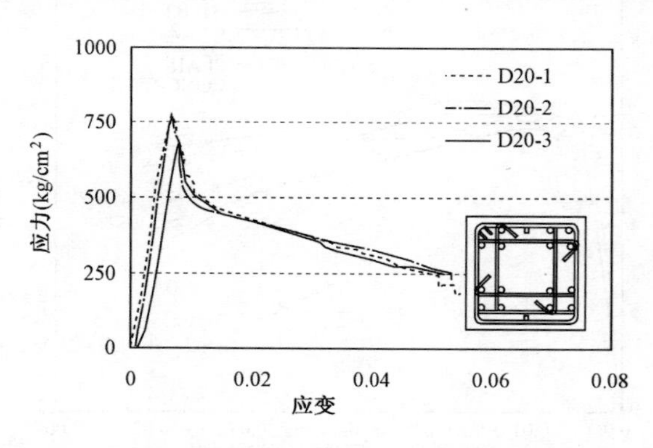

图 4-5　较大截面尺寸柱试验结果

试件基本设计资料　　　　表 4-1

试件编号	箍数	箍数间距（mm）	箍筋号数	f_{yb}（MPa）	f'_c 标准养护	f'_c 一般养护	形式
C10	16	75	ϕ13	500	740	652	传统
D10	13	100	ϕ14	500	894	788	传统
D20	12	110	ϕ16	420	894	788	传统
C20	12	100	ϕ14				一笔箍
C21	12	100	ϕ13				一笔箍
C22	12	100	ϕ12				一笔箍
D30	13	100	ϕ14				一笔箍
D40	13	100	ϕ14				一笔箍
C30	15	80	ϕ14				四宫格
C40	12	100	ϕ14				九宫格
C41	12	100	ϕ13				九宫格
C42	12	100	ϕ12				九宫格
C70	12	100	ϕ14				组合电焊

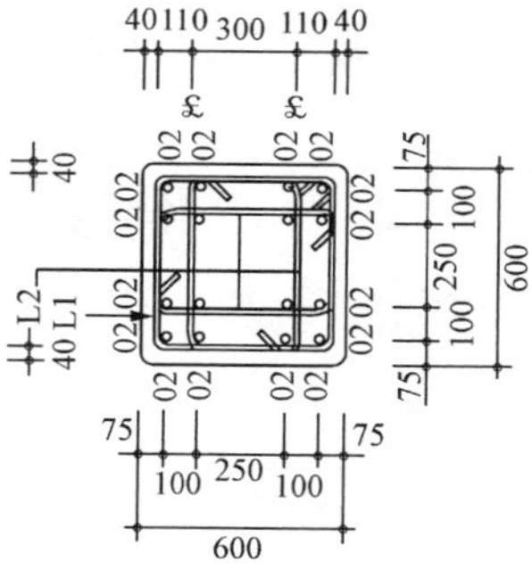

注：1. 各试件内含 16 根 8 号（直径 25.4mm）主筋。
2. 表中一般养护指圆柱小试件与柱体试件在同一环境下养护。
3. 表中的箍筋强度为标准强度。

这里还要感谢百思论坛上的网友 mifen1 提供了中国台湾钢筋混凝土用钢筋标准 CNS560，知道了“箍筋号数”ϕ 后的数字就是指箍筋直径多少 mm。

张国镇的试验表明这种拉筋弯钩方式，即使 16mm 直径粗的拉筋柱的延性也很差。

所以，《混凝土结构设计规范》GB 50010—2010 最终采用拉筋紧靠纵筋并勾住外圈箍筋的规定，以确保地震作用下柱的延性性能。

感谢中华钢结构论坛上网友提供了美国论文[8]的信息，因我常上中华钢结构论坛，有一天查看新帖时，发现了这个信息，由此找到该论文。针对混凝土规范送审稿相关规定，转给了规范编制组。

又因有了此条规定，拉筋弯钩凸出外圈箍筋外缘（外层钢筋）（图4-6），引起局部保护层厚度变薄，而将保护层厚度规定改为非强制性条文，即适度允许局部保护层厚度变薄。

图4-6　箍筋配置图（感谢土木在线网友提供）

4.8　重叠箍筋配箍率计算

重叠处的箍筋只能发挥一根箍筋的作用，所以只算一根箍筋的体积合理。

4.9　箍筋间距与纵筋较小直径有关的原因

《高规》6.4.8条3款：柱非加密区箍筋间距不应大于加密区箍筋间距2倍，且一、二级不应大于10倍纵向钢筋直径，

三、四级不应大于15倍纵向钢筋直径。此处纵筋直径取值是按大直径还是按小直径计算？

取受力纵筋直径中的最小值，防止其被压曲，即防止其受压失稳破坏。按欧拉轴心受压杆件失稳压力与杆件截面直径有关，直径越小越易失稳，故应由最小直径钢筋控制。混凝土规范也有相同规定。

4.10 为什么求剪跨比用计算值，不用设计值

《建筑抗震设计规范》GB 50011—2010第6.2.9条规定柱、墙的剪跨比用柱端或墙端截面组合的弯矩计算值、对应的截面组合剪力计算值及截面有效高度确定。而《混凝土结构设计规范》GB 50010—2010第11.4.6条规定柱的剪跨比用柱端截面组合的弯矩设计值、对应的截面组合剪力设计值及截面有效高度确定。怎么不一样，哪个对？为什么？

用计算值是对的。这要从什么是设计值，什么是计算值谈起。设计值是最终用于设计构件截面的值，这之前需要一些过程，譬如求各作用效应、求包络及最大值，还进行内力调整等，来求出此设计值。非设计值，即非最终用于设计构件截面的值的计算过程中产生值，称为中间计算值，或计算值。

因为抗震设计时，设计值已计入了人为的内力调整，即强剪弱弯的调整。所谓强剪弱弯内力调整，是人为地将剪力放大，使得抗剪截面强度提高和抗剪钢筋增加，以达到弯曲破坏早于剪切破坏发生。这样的调控，是为了达到强剪弱弯采取的措施，不是真实会出现的内力（指剪力与弯矩相对比例）。

求剪跨比应采用构件中真实会出现的“剪力与弯矩相对比例”的比值来确定，再配合后续的计算措施，才能防止构件截面的破坏。所以，这里的剪跨比要使用最接近真实受力情况的弯矩、剪力值来求。非抗震设计时，因没有强剪弱弯要求，剪力没有人为扩大，所以，用设计值与用计算值求剪跨比没差别。

4.11 由梁弯矩导出柱弯矩方法的适用范围

由梁弯矩导出柱设计弯矩的方法是指混凝土规范第 11.4.1 条介绍的方法，代表性的公式如下：

$$\sum M_c = \eta_c \sum M_b \tag{4-10}$$

式中 $\sum M_c$——考虑地震组合的节点上、下端的弯矩设计值之和；柱端弯矩设计值的确定，在一般情况下，可按上、下柱端弹性分析所得的考虑地震组合的弯矩比进行分配；

$\sum M_b$——同一节点左、右梁端按顺时针和逆时针方向计算的两端考虑地震组合的弯矩设计值之和的较大值；一级抗震等级，当两端为负弯矩时，绝对值较小的弯矩值应取零；

η_c——柱端弯矩增大系数，2010 年版本的规范对框架结构，二、三、四级分别取 1.5、1.3、1.2。

柱的设计弯矩值是由梁端的弯矩值导来的，是为了达到“强柱弱梁”的效果采取的措施。相对地，还有一种确定柱设计弯矩的方法是对有限元算得的柱弯矩直接乘放大系数 η_c 的方法，简称为“直乘法”。

由梁弯矩导出柱设计弯矩的方法要用于其适用范围之内，它的适用范围是，柱的反弯点在所在楼层内，这时，梁端弯矩值与柱端弯矩大小相当，经该法导出的柱端弯矩就比梁端弯矩值大出 η_c 倍，由此设计能达到“强柱弱梁”的结果（略去其他因素，如现浇楼板等的影响）。如果超出其适用范围，则起不到希望的效果，比如当柱的反弯点不在层高之内时，这时，柱上、下端的弯矩反方向（即使柱单曲率弯曲），且比梁端的弯矩大得多，对相对较小的梁端弯矩乘上述柱端弯矩增大系数 η_c，可能得到的数值还没有原柱弯矩数值大，由此将达不到人们希望的“强柱弱梁”的结果。

所以《建筑抗震设计规范》GB 50011—2010 和《混凝土结构设计规范》GB 50010—2002 均在此条有“当反弯点不在柱的层高范围内时，柱端截面组合的弯矩设计值可乘以上述柱端弯矩增大系数。”

由此可见《混凝土结构设计规范》GB 50010—2010 不应将上述规定取消。

4.12 梁弯矩导出柱弯矩和直乘法计算结果的差异

本节内容涉及抗震设计框架柱的设计弯矩取值，值得读者注意。因为关于此内容，《建筑抗震设计规范》GB 50011—2010 和《混凝土结构设计规范》GB 50010—2010 两本规范和《高层建筑混凝土结构技术规程》JGJ 3—2010 的规定不一致，前一版本规范编制组编写出版的规范算例集，及计算机软件也没执行规范要求。造成使用规范的人思想混乱，错误认为规范算例集和计算机软件方法正确，给结构设计带来安全隐患。本节内容得到天津建筑设计院高金生先生的指点，在此表示感谢。

《建筑抗震设计规范》对抗震框架柱的设计分情况规定了两种柱端弯矩的取值方法，即用梁端弯矩导出并乘放大系数的方法（以下简称“梁导法”）和柱端弯矩直接乘放大系数方法（以下简称“直乘法”），并取两方法结果的较大值（以下简称“抗规法”）。《混凝土结构设计规范》GB 50010—2010 和《高层建筑混凝土结构技术规程》JGJ 3—2010 则只规定了采用梁端弯矩导出的方法，而将它们前一版本的直乘法删除了。本节解读建筑抗震设计规范规定的背景，指明后两本标准规定只用梁导法，和目前设计软件只按直乘法计算存在的问题及对结构设计可能产生的损害。还介绍了在混凝土结构配筋软件 CRSC[9] 中实施该规定的直乘系数法和近似实施梁端弯矩导出法的过程，并用工程实例检验了软件计算结果，表明只按上述两种方法之一计算都会造成框架柱纵向钢筋的不足，即是造成“强梁弱柱”的原因之一。

本节先介绍抗震设计框架柱的设计弯矩如何取值，然后介绍通过结构整体分析软件（以 CRSC 软件为例）如何得到框架柱的设计弯矩值，再使用 RCM 软件进行柱的正截面承载力设计。

（1）框架柱弯矩设计值的两种取法

《建筑抗震设计规范》GB 50011—2010[10] 对于非 9 度的一级抗震等级框架柱，二、三、四级抗震等级的框架结构柱和其他结构中的框架柱的弯矩设计值的规定如下（即梁端弯矩导出法）:

$$\sum M_c = \eta_c \sum M_b \tag{4-11}$$

式中 $\sum M_c$——考虑地震组合的节点上、下端的弯矩设计值之和；柱端弯矩设计值的确定，在一般情况下，可按上、下柱端弹性分析所得的考虑地震组合的弯矩比进行分配；

$\sum M_b$——同一节点左、右梁端按顺时针和逆时针方向计算的两端考虑地震组合的弯矩设计值之和的较大值；一级抗震等级，当两端为负弯矩时，绝对值较小的弯矩值应取零；

η_c——柱端弯矩增大系数，2010 年版本的规范对框架结构，一、二、三、四级分别取 1.7、1.5、1.3、1.2；对其他结构中的框架，一、二、三、四级分别取 1.4、1.2、1.1 和 1.1。

将式（4-10）写得详细一点为:

$$M_c^t = \eta_c \frac{\widehat{M}_c^t}{\widehat{M}_c^t + \widehat{M}_c^b} \sum M_b \tag{4-12}$$

$$M_c^b = \eta_c \frac{\widehat{M}_c^b}{\widehat{M}_c^t + \widehat{M}_c^b} \sum M_b \tag{4-13}$$

式中 $\hat{M}_c^t$、$\hat{M}_c^b$——分别为考虑地震组合的节点上、下柱端截面弯矩值。

《建筑抗震设计规范》[10]还规定：当反弯点不在柱的层高范围内时，柱端截面组合的弯矩设计值可乘以上述柱端弯矩增大系数。《混凝土结构设计规范》GB 50010—2002 相关规定为，框架柱端弯矩设计值应按考虑地震作用组合的弯矩设计值直接乘以增大系数。

《建筑抗震设计规范》该条的条文说明为："当框架底部若干层的柱反弯点不在楼层内时，说明这些层的框架梁相对较弱。为避免在竖向荷载和地震变形相对集中，压屈失稳，柱端弯矩也应乘以增大系数"。再根据结构力学节点周围杆端弯矩按各杆线刚度相对大小分配，即线刚度大的杆件分配到的弯矩大而线刚度小的杆件分配到的弯矩小的知识可知，这种现象发生在柱线刚度较大、梁线刚度较小（柔软）"刚柱柔梁"的情况。对这种情况要采取"直乘系数法"确定柱端弯矩设计值。按《建筑抗震设计规范》该条对于不是"刚柱柔梁"，即"刚梁柔柱"的情况则要采取"梁端弯矩法"，才能达到"强柱弱梁"。尤其是跃层柱由于其柱长度大，线刚度变小是典型的"刚梁柔柱"，如用"直乘系数法"，则会显著低估该柱的弯矩设计值。

因为人们认识不清和实施该公式过程复杂，规范编制组出版的规范算例[5,6]的示范均使用了"直乘系数法"来得到柱端弯矩设计值。受目前计算机软件数量所限，发现多年来软件都用"直乘系数法"进行配筋计算。但此用"直乘系数法"与一般情况下应按规范要求采用"梁端弯矩法"的计算结果的差别有多大，没见到有人进行过分析和比较。由于实际工程中楼板与框架梁整体现浇结构的楼板增大了梁刚度，使得多数情况是"刚梁柔柱"的情况，这也是规范将"梁端弯矩法"作为主要方法用来确定柱端弯矩设计值。遗憾的是设计软件大都使用"直乘系数法"进行配筋计算，这可能是造成汶川地震中框架结构大多数都是"强梁弱柱"破坏模式的原因之一。

(2) 用梁端弯矩导出框架柱弯矩设计值的软件实现

如果将一个楼层上部的梁和该楼层的柱作为一个楼层的构件，由公式（4-11）、式（4-12）可见，要想算出当前楼层柱上端的设计弯矩，需要用到当前层梁、柱的内力和上一楼层柱的内力。也可看出，要想算出当前楼层柱下端的设计弯矩，需要用到当前楼层柱内力和下一楼层的梁、柱内力。因要用柱两端设计弯矩的较大值进行柱的配筋[3]，由上述可知，用计算机进行柱配筋时要求柱上、下端两楼层梁的内力和当前楼层及其上、下楼层共三层柱的内力同时在计算机内存，以利调用。遇有跃层柱的结构，则需要将更多楼层的梁和柱的内力放在计算机内存，有错层柱时问题将更复杂。

由于每种内力组合下柱轴力和弯矩可能均不相同，要想得到各组合下柱纵向钢筋的最大值，对每种内力组合均进行配筋计算，最后的结果取这些组合所得配筋的最大值。因为对每种内力组合判断柱在楼层中是否出现反弯点较麻烦，软件中采用将“梁端弯矩法”和“直乘系数法”所得的组合弯矩值进行比较，然后取其较大值。

因为前述的问题复杂性，目前在 CRSC 软件[9]配筋时实施了“梁端弯矩法”的一半，即只对柱上端的弯矩设计值采用了“梁端弯矩法”和“直乘系数法”，并取二者结果的较大值(CRSC 软件按“梁端弯矩法”计算出了柱下端的弯矩值，因保存管理和柱配筋时再次调取的困难，只输出了文本文件)。对柱下端则按“直乘系数法”确定弯矩设计值。即使如此，由下面算例可见，仍有不少的柱的弯矩设计值和配筋比仅按“直乘系数法”确定弯矩设计值要大，有的还大出不少。

以一工程算例比较两种方法计算结果的差异，同时两种方法都进行了手算复核。

工程简况如下：处于八度半Ⅱ类场地设计地震分组为一组的 6 层钢筋混凝土框架结构，抗震等级 2 级。标准层平面如图 4-7所示。首层层高 4.6m、其他层 3.6m。首层单位面积质量

$1.046t/m^2$、其他层 $1.014t/m^2$。为简单化，不计风荷载作用。在 SATWE 输入柱（节点）箍筋设计强度 210（N/mm^2），箍筋最大间距 100（mm）；梁、柱纵筋设计强度 360（MPa），混凝土强度等级 C40。各柱均为方形截面，截面边长尺寸分别为：9 号柱 500mm；1、4、12 号柱 600mm；6 号柱 750mm；其余柱 700mm。使用 2011 年 3 月 31 日版本的 SATWE 软件算出结构基本周期为：0.727s。

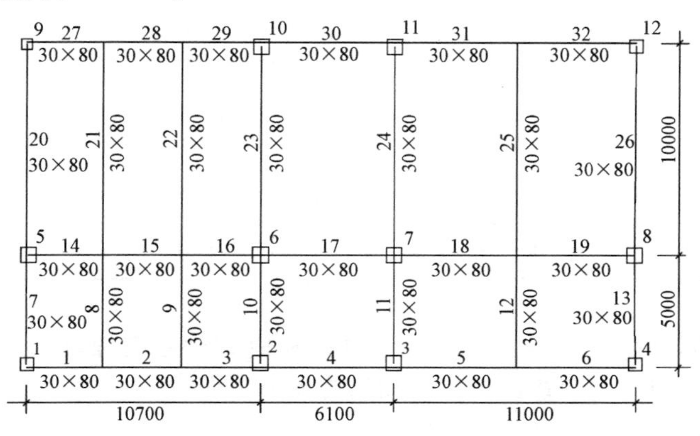

图 4-7　算例标准层平面

二层 6 号中柱：

柱截面尺寸 750mm × 750mm。按规范公式（4-11）计算过程如下。因有限元软件计算出的梁弯矩是柱中心点的，要将其折算到柱侧边的弯矩，即用柱中心的弯矩减去梁端剪力与梁端在柱内的长度（0.375m）之积，也就得到表 4-2、表 4-3 中的折减后的 M。与柱 6 相连的 x 向梁 16、梁 17（图 4-7）的内力如表 4-2 所示，y 向梁 10、梁 23 的内力如表 4-3 所示。

按第 6 内力组合（$1.2D + 0.6L + 1.3E_y$）手工计算控制内力如下：

x 方向梁 16 的 J 端弯矩：

$M_b = -1.2 \times 426.33 - 0.6 \times 150.49 + 1.3 \times 26.43$

$= -511.6 - 90.29 + 43.6 = -558.29 \text{kN} \cdot \text{m}$

x 方向梁 17 的 I 端弯矩：

$M_b = -1.2 \times 128.88 - 0.6 \times 38.56 - 1.3 \times 22.51$

$= -154.66 - 23.14 - 29.26 = -207.06 \text{kN} \cdot \text{m}$

二层第 6 号柱 x 向梁 16、梁 17 端单元弯矩（kN·m） 表 4-2

荷载或作用	梁 16 的 J 端			梁 17 的 I 端		
	M（kN·m）	V（kN）	折减后 M	M（kN·m）	V（kN）	折减后 M
永久荷载	-520.6	251.4	-426.33	-164.5	95.0	-128.88
可变荷载	-183.0	86.7	-150.49	-47.6	24.1	-38.56
x 向地震	-599.5	115.2	-556.3	842.8	270.7	741.29
y 向地震	29.8	9.0	26.43	-25.7	8.5	-22.51

同一节点左、右梁端按顺时针和逆时针方向计算的两端考虑地震组合的弯矩设计值之和的较大值：

$$\sum M_b = 558.29 - 207.06 = 351.23 \text{kN} \cdot \text{m}$$

二层第 6 号柱 y 向梁 10、梁 23 端单元弯矩（kN·m）

表 4-3

荷载或作用	梁 10 的 J 端			梁 23 的 I 端		
	M（kN·m）	V（kN）	折减后 M	M（kN·m）	V（kN）	折减后 M
永久荷载	-57.8	66.7	-32.79	-178.2	110.6	-136.73
可变荷载	-10.6	13.2	-5.65	-73.8	43.6	-57.45
x 向地震	70.9	28.7	60.14	47.1	9.7	43.46
y 向地震	-923.8	370.3	-784.94	640.2	134.0	589.95

按第 7 内力组合（$1.2D + 0.6L - 1.3E_y$）手工计算控制内力

如下：

y 方向梁 10 的 J 端弯矩：

$$M_b = -1.2\times32.79-0.6\times5.65-1.3\times784.94$$
$$= -39.35-3.39-1020.46 = -1063.2\text{kN}\cdot\text{m}$$

y 方向梁 23 的 I 端弯矩：

$$M_b = -1.2\times136.73-0.6\times57.45+1.3\times589.95$$
$$= -164.08-34.47+766.94 = 568.39\text{kN}\cdot\text{m}$$

同一节点左、右梁端按顺时针和逆时针方向计算的两端考虑地震组合的弯矩设计值之和的较大值：

$$\sum M_b = 1063.2+568.39 = 1631.59\text{kN}\cdot\text{m}$$

SATWE 输出的二层柱 6 的内力如下：

N-C=6　Node-i=45，　Node-j=23，　DL=3.600（m），　Angle=0.000

(1)	-457.2	-38.6	449.6	77.2	-924.6	61.7	722.3
(2)	16.4	-499.1	-668.9	1020.5	32.3	776.9	-26.9
(3)	-48.2	19.0	-2816.8	-11.1	-29.7	-57.2	143.9
(4)	-42.3	20.3	-821.5	-35.6	-81.2	-37.4	71.2

6 号内力组合（$1.2D+0.6L+1.3E_y$）如下：

$$N = -1.2\times2816.8-0.6\times821.5-1.3\times668.9$$
$$= -3380.16-492.9-869.57 = -4742.63\text{kN}$$
$$M_x^t = -1.2\times57.2-0.6\times37.4-1.3\times776.9$$
$$= -68.64-22.44+1009.97 = 918.89\text{kN}\cdot\text{m}$$
$$M_y^t = 1.2\times143.9+0.6\times71.2-1.3\times26.9$$
$$= 172.68+42.72-34.97 = 180.43\text{kN}\cdot\text{m}$$

SATWE 输出的三层柱 6 的内力如下：

N-C=6　Node-i=67，　Node-j=45，　DL=3.600（m），　Angle=0.000

(1)	-416.6	-34.6	309.4	60.9	-730.7	63.8	770.9
(2)	16.0	-461.3	-443.1	820.7	27.9	841.6	-29.6
(3)	-47.3	18.9	-2263.5	-13.4	-29.0	-54.5	141.2
(4)	-35.6	17.7	-654.0	-29.5	-63.6	-34.2	64.7

6 号内力组合（$1.2D+0.6L+1.3E_y$）如下：

$$M_x^b = -1.2\times13.4-0.6\times29.5+1.3\times820.7$$
$$= -16.8-17.7+1066.91 = -1032.41\text{kN}\cdot\text{m}$$
$$M_y^b = -1.2\times29.0-0.6\times63.6+1.3\times27.9$$
$$= -34.8-38.16+36.27 = -36.69\text{kN}\cdot\text{m}$$

按上、下柱端弹性分析所得的考虑地震组合的弯矩比进行分配如下：

x 方向柱上端弯矩

$$M_x = [-918.89/(918.89+1032.41)]M_b$$
$$= -0.4709\times1631.59 = -768.32\text{kN}\cdot\text{m}$$

y 方向柱上端弯矩

$$M_y = [180.43/(180.43+36.69)]M_b$$
$$=0.831\times351.23=291.87\text{kN}\cdot\text{m}$$

下面列出 CRSC 软件计算出的 8 种地震作用组合的两种方法算出的该柱上端弯矩值（注：这里只对柱上端采用了梁导法）。

地震作用 8 种组合的两种方法算出的二层 6 号柱上端弯矩值（kN·m）

表 4-4

方法（M）	组合 4	组合 5	组合 6	组合 7	组合 8	组合 9	组合 10	组合 11
梁导 M_x	-4.08	-175.05	-768.03	-971.74	0.38	-156.75	784.78	-954.56
直乘 M_x	-10.87	-171.29	-918.89	-1101.05	4.31	-156.11	934.07	-1085.87
梁导 M_y	1119.24	-570.89	299.56	339.61	1071.78	-614.30	247.75	287.09
直乘 M_y	1154.39	-723.59	180.43	250.37	1118.49	-759.49	144.53	214.47

由此可看出，多数内力组合下梁导法和直乘法得到的柱端弯矩差距不大。

CRSC 软件按梁导法、直乘法和抗规方法（即梁导法和直乘法两方法弯矩结果选大再配筋）对此柱的配筋都是 16 根直径 32mm 的钢筋。以下是 CRSC 软件的输出结果：

N-C =6 （1） B * H （mm） =750 * 750Ac =562500.

C40fy =360. fyv =210. aa =30Clx =1. 00Cly =1. 00Lc =3. 60 （m）；2 级验算

（6） CRN = -4742. 6Mx = 1292. 0My = -42. 4bars16D32As = 12868. 0 Rs =2. 29 （%）

（6） N = -4742. 6kNUc =0. 441Rss =0. 57 （%）

设计内力，N，Mx2，Mx1，My2，My1 = -4742. 6，1937. 95，1378. 33，449. 34，-63. 56

（3） Nmin = -3966. 9 （2） Vxsw117. 1Vysw51. 2

（11） Nmin = -2358. 0 （7） Vxe =104. 5Vye =683. 8；2 级构造

？2 层 6 号柱净高/柱截面高 =3. 7≤4. 0!

HDZ3600. d10s96. （PV） λv =0. 13Rsv =1. 20 （%） Hj/B =3. 7

其中输出了设计内力，是在内力组合的基础上弯矩乘以必要的抗震设计内力调整系数，此例是二级抗震非角柱，该系数为 1. 5，就是表 4-4 中组合 6 的内力乘 1. 5，918. 89 ×1. 5 = 1378. 33，299. 56 ×1. 5 =449. 34，并按 M2 为大排序的结果。可见与手算结果一致。

由式（4-11）可见计算柱上端弯矩要用到本楼层梁的弯矩值、本楼层柱和上一楼层柱下端截面弯矩值，由式（4-11）可见计算柱下端弯矩要用到下一楼层梁的弯矩值、本楼层柱和下一楼层柱上端截面弯矩值。编制计算机软件时，要将本楼层和上、下相邻楼层的柱内力和本楼层和下楼层梁内力放入计算机内存，用于计算本楼层一根柱的配筋。显而易见，困难很大！即使是手算过程写出来，读者读起来也会很烦。所以，目前 CRSC 软件只实施了公式（4-11），即对柱上端弯矩设计值用了抗规方法，而对柱下端弯矩设计值用的仍是直乘法。本节为说明问题，下面写出的手算过程也只是实施了公式（4-11）。

该工程所有柱（顶层柱除外，因规范要求用柱弯矩直接配筋）上端采用规范方法、直乘法和梁导法配出的纵向受力钢筋结果比较见表4-5。表中带斜线“/”的数据表示柱上端用三种方法配筋结果的纵筋直径（mm），按前后顺序分别“抗规法/直乘法/梁导法”，表格中只一个数字的表示三种方法结果相同（纵筋根数三方法结果相同，方柱截面边长不大于600mm为12根、大于600mm为16根）。

柱上端采用规范方法和简化方法配出的纵向受力钢筋结果

表4-5

柱号	1	2	3	4	5	6
楼层1	20	20	20	20	20	20
楼层2	36	32	28	32	32	32
楼层3	32	25	25	28	32/28/28	32/32/28
楼层4	25	22	25/25/22	25	28	28
楼层5	22/22/20	20	20	20	25	25
柱号	7	8	9	10	11	12
楼层1	20	20	16	20	20	20
楼层2	32	32	28	32	32	28
楼层3	32/32/28	28	28	32/32/28	28	28/25/28
楼层4	28	28/25/25	28/25/28	28	28	28/25/28
楼层5	25	25/22/22	25/22/25	25	25	25/22/25

可见，只用梁导法，有8根柱纵筋直径偏小；只用直乘法，也是有8根柱配筋偏小。其中有4根相同的柱配筋偏小，另外4根不是相同的柱；不用抗规方法，有8根柱配筋偏小。60根柱

中配筋增大的有 6 根柱。如果柱下端也采用抗规方法可能柱配筋增大的会多一些。其中，有些柱，例如三层 5 号柱单独一种方法（直乘法或梁导法）的配筋结果都没有抗规方法，即两种方法结果选大方法的配筋结果大，是因为截面一个主轴可能直乘法得到的弯矩较大，而截面另一主轴是梁导法得到的弯矩较大，两种方法结果选大方法的双轴弯矩均是较大值。

说明 2010《混凝土规范》和 2010《高规》只规定使用梁导法相对于抗规 2010 来讲是偏于不安全的。目前很多计算软件只采用直乘法计算也是偏于不安全的。

CRSC 软件输出的配筋结果中输出“设计内力”的好处，一是便于手算或用类似于 RCM 构件配筋软件进行复核配筋结果，如上述例题所示。另一个好处是，可以判断此设计内力是用梁弯矩导出法，还是用直乘系数法得来的，比如上面的二层 6 号柱，由前两行的控制内力乘内力调整系数后与设计内力相等，就表明该柱设计内力是直乘系数法得到的；如果设计内力大于控制内力乘内力调整系数的值，就表明该柱设计内力是梁弯矩导出法得到的；否则，如果设计内力小于控制内力乘内力调整系数的值了，则表示软件出错了。

五层 8 号边柱：

柱截面尺寸 700mm×700mm。按规范公式（5-5）计算过程如下。因有限元软件计算出的梁弯矩是柱中心点的，要将其折算到柱侧边的弯矩，即用柱中心的弯矩减去梁端剪力与梁端在柱内的长度（0.35m）之积，也就得到表 4-6、表 4-7 中的折减后的 M。与柱 8 相连的 x 向梁 19（图 4-7）的内力如表 4-7 所示，y 向梁 13、梁 26 的内力如表 4-8 所示。

按第 7 内力组合（$1.2D+0.6L-1.3E_y$）手工计算控制内力如下：

x 方向梁 19 的 J 端弯矩，且因中一侧有梁，

$$\sum M_b = M_b = -1.2\times394.51-0.6\times157.43+1.3\times13.48$$
$$= -473.41-94.46+17.52 = -585.29\text{kN}\cdot\text{m}$$

五层第 8 号柱 x 向梁 19 的 J 端弯矩（kN·m）　　表 4-6

	梁 19 的 J 端		
荷载或作用	M（kN·m）	V（kN）	折减后 M
永久荷载	-470.7	217.7	-394.51
可变荷载	-186.3	82.5	-157.43
x 向地震	-322.9	57.3	-302.85
y 向地震	15.3	5.2	13.48

五层第 8 号柱 y 向梁 13、梁 26 端弯矩（kN·m）　　表 4-7

	梁 13 的 J 端			梁 26 的 I 端		
荷载或作用	M(kN·m)	V(kN)	折减后 M	M(kN·m)	V(kN)	折减后 M
永久荷载	91.2	35.6	78.74	79.2	16.0	73.6
可变荷载	-303.3	118.1	-261.97	269.1	54.6	250.0
x 向地震	-38.4	33.7	-26.61	-129.8	77.4	-102.7
y 向地震	-1.6	5.7	0	-35.8	23.3	-27.6

按第 7 内力组合（$1.2D+0.6L-1.3E_y$）手工计算控制内力如下：

y 方向梁 13 的 J 端弯矩

$$M_b=-1.2\times26.61+0.6\times0+1.3\times261.97$$
$$=-31.92+0+340.5=308.6\text{kN}\cdot\text{m}$$

y 方向梁 26 的 I 端弯矩

$$M_b=-1.2\times102.7-0.6\times27.6-1.3\times250.0$$
$$=-123.2-16.6-325.0=-464.8\text{kN}\cdot\text{m}$$

同一节点左、右梁端按顺时针和逆时针方向计算的两端考虑地震组合的弯矩设计值之和的较大值：

$$\sum M_b = 308.6 + 464.8 = 773.4\text{kN} \cdot \text{m}$$

SATWE 输出的五层柱 8 的内力如下：

(iCase)	Shear - X	Shear - Y	Axial	Mx - Btm	My - Btm	Mx - Top	My - Top
N - C = 8 Node - i = 120, Node - j = 98, DL = 3.600(m), Angle = 0.000							
(1)	-120.3	-63.8	-74.2	100.4	-155.5	129.7	283.1
(2)	8.7	-208.6	-72.5	330.5	15.1	421.9	-16.5
(3)	-51.8	10.9	-752.5	-8.0	-40.6	-31.2	146.0
(4)	-44.2	8.8	-225.2	-16.0	-83.9	-15.6	75.1

7 号内力组合($1.2D + 0.6L - 1.3E_y$)如下：

$$N = -1.2 \times 752.5 - 0.6 \times 225.2 + 1.3 \times 72.5$$

$$= -903.0 - 135.12 + 94.25 = -943.87\text{kN}$$

$$M_x^t = -1.2 \times 31.2 - 0.6 \times 15.6 - 1.3 \times 421.9$$

$$= -37.44 - 9.36 - 548.47 = 595.27\text{kN} \cdot \text{m}$$

$$M_y^t = 1.2 \times 146.0 + 0.6 \times 75.1 + 1.3 \times 16.5$$

$$= 175.2 + 45.06 + 21.45 = 241.71\text{kN} \cdot \text{m}$$

$$M_x^b = -1.2 \times 8.0 - 0.6 \times 16.0 - 1.3 \times 330.5$$

$$= -9.6 - 9.6 - 429.65 = -448.85\text{kN} \cdot \text{m}$$

$$M_y^b = -1.2 \times 40.6 - 0.6 \times 83.9 - 1.3 \times 15.1$$

$$= -48.72 - 50.34 - 19.63 = -118.69\text{kN} \cdot \text{m}$$

SATWE 输出的六层柱 8 的内力如下：

N - C = 8 Node - i = 142, Node - j = 120, DL = 3.600(m), Angle = 0.000							
(1)	-63.2	-34.0	-28.1	45.9	-55.5	77.0	177.9
(2)	6.8	-120.2	15.5	164.5	10.4	269.3	-14.2
(3)	-128.2	27.8	-383.8	-25.7	-98.8	-74.6	362.6
(4)	-71.0	14.4	-113.8	-22.1	-104.8	-29.7	150.8

7 号内力组合($1.2D + 0.6L - 1.3E_y$)如下：

$$M_x^b = -1.2 \times 25.7 - 0.6 \times 22.1 - 1.3 \times 164.5$$

$$= -30.84 - 13.26 - 213.85 = -257.95\text{kN} \cdot \text{m}$$

$$M_y^b = -1.2 \times 98.8 - 0.6 \times 104.8 - 1.3 \times 10.4$$

$$= -118.56 - 62.88 - 13.52 = -194.96\text{kN} \cdot \text{m}$$

按上、下柱端弹性分析所得的考虑地震组合的弯矩比进行分配如下：

x 方向柱上端弯矩：

$$M_x=[-595.27/(595.27+257.95)]M_b$$
$$=-0.698\times773.69=-539.78\text{kN}\cdot\text{m}$$

y 方向柱上端弯矩：

$$M_y=[436.67/(436.67+194.96)]M_b$$
$$=0.554\times585.39=324.03\text{kN}\cdot\text{m}$$

乘以内力调整系数 1.5，得到设计内力，整理后的结果见表4-8。

五层第 8 号柱按三种计算方法得到的设计弯矩（kN·m）

表 4-8

方　法	M_x^b	M_y^b
梁导法	$-448.85\times1.5=-673.28$	$-118.69\times1.5=-178.04$
直乘法	-673.28	-178.04
抗规法	-673.28	-178.04
方　法	M_x^t	M_y^t
梁导法	$-539.78\times1.5=-809.67$	$324.03\times1.5=486.05$
直乘法	$595.27\times1.5=892.91$	$241.71\times1.5=362.57$
抗规法	892.91	486.05

由表 4-8 可看出，抗规法是对梁导法和直乘法的两个方法取了较大值。于是影响了后续的配筋结果。

说明抗震规范方法比混凝土规范方法或直接乘放大系数方法的配筋结果要安全。因为，到目前为止，很多设计软件都是使用直接乘放大系数方法，这也只是影响地震中很多框架结构出现“强梁弱柱”型破坏的原因之一。

4.13 转换柱的柱底弯矩调整系数

"高规"第10.2.11-3条款关于和转换梁连接的转换柱上下端弯矩调整增大系数，一级1.5、二级1.3，再看"高规"第6.2.1条对除框架以外的结构：一级1.4二级1.3，很明显比一般的柱提高了要求。

如果是框架结构：一级按实际配筋承载力乘1.2，二级非实配乘1.5、三级乘1.3，感觉好像对框支柱比一般框架柱的要求还降低了！怎么会降低了呢?

因为对框支柱的轴力也提了乘增大系数的要求，而对框架柱的轴力没有增大的要求，所以还是对框支柱总体上提高了要求。

4.14 弯矩、剪力和轴力应乘相近的放大系数

《建筑抗震设计规范》GB 50011—2010[10]第6.2.2条规定除顶层柱、轴压比小于0.15的柱的节点外，二、三、四级抗震等级框架结构柱的弯矩设计值为：

$$\sum M_c = \eta_c \sum M_b \quad (4\text{-}14)$$

式中 $\sum M_c$——考虑地震组合的节点上、下端的弯矩设计值之和；柱端弯矩设计值的确定，在一般情况下，可按上、下柱端弹性分析所得的考虑地震组合的弯矩比进行分配；

$\sum M_b$——同一节点左、右梁端按顺时针和逆时针方向计算的两端考虑地震组合的弯矩设计值之和的较大值；一级抗震等级，当两端为负弯矩时，绝对值较小的弯矩值应取零；

η_c——柱端弯矩增大系数，2010年版本的规范对框架结构，二、三、四级分别取1.5、1.3、1.2。

框架柱的剪力在式（4-13）基础上乘放大系数。以上规定存在着问题之一，就是它对柱弯矩和剪力放大，而对柱轴向力不放大。如果为达到“强剪弱弯”效果，即剪力设计值比相应的弯矩设计值（严格地讲是同一荷载组合下的剪力与相应的弯矩值）略大些，即在弯矩值放大了的基数上再乘1.1、1.2或1.3的放大系数，因为混凝土结构中斜截面强度计算与正截面强度计算是分开进行的，这样做是可以的，是能达到剪切破坏出现在弯曲破坏后，或不出现剪切破坏。但对于框架柱轴力不放大，只放大弯矩，而且放大很多（即超过1.2倍）的做法，就不合适。

因为地震作用下柱的正截面破坏，是轴力和弯矩共同作用的结果，对计算出来的内力状态，人为地只放大其中一项，就脱离了该内力状态，就违背了力学规律。虽然这样做可以一定程度上缓解震害，但不可能真正有效地解决问题，因构件中不会出现这种内力状态。

虽然从框架结构的震害上看，很难看出是轴力不增大、只弯矩增大引起的破坏，还是轴力、弯矩同时增大引起的破坏，或许在试验室可实现前一种的破坏，实际工程中不会出现的，因它与力学规律相悖。

以上规定存在的问题之二，就是它以考虑地震组合的内力为基础来乘放大系数，因地震作用组合是永久荷载加上可变荷载再加上地震作用的组合，这样做对永久荷载和可变荷载产生的内力也乘了同样的放大系数，这两种荷载产生的内力大，则得到的设计内力也大，反之则相反，特别是如果对轴力项也乘放大系数时。所以建议连同轴力、剪力、弯矩都采用混凝土规范第11.4.4条对框支柱轴力的做法，即对地震作用引起的附加内力（轴力、剪力、弯矩）乘以增大系数，因地震时永久荷载和可变荷载及其相关内力没有增加。以下简称此方法为“*N*-*M*同步放大法”。

考虑水平地震作用组合的结构内力为：

$$S = \gamma_G S_{GE} + \gamma_{Eh} S_{Ehk} \tag{4-15}$$

式中　γ_G——重力荷载分项系数，一般情况取 1.2，当重力荷载效应对构件承载力有利时取 1.0；

γ_{Eh}——水平地震作用分项系数，取 1.3；

S_{GE}——重力荷载代表值的效应；

S_{Ehk}——水平地震作用标准值的效应。

由此，对于弯矩和轴力考虑内力调整系数的设计值可写成：

$$S = \gamma_G S_{GE} + \eta_{mn} \gamma_{Eh} S_{Ehk} \tag{4-16}$$

对于剪力还要考虑强剪弱弯，于是剪力设计值可写成：

$$S = \gamma_G S_{GE} + \eta_v \eta_{mn} \gamma_{Eh} S_{Ehk} \tag{4-17}$$

式中　η_{mn}——弯矩、轴力调整系数，我们编写的 CRSC 软件由用户输入，便于通过试算确定合适的数值；

η_v——强剪调整系数[10]，二、三、四级抗震分别取 1.3、1.2、1.1。

如前面 4.11 小节所述，目前计算机软件和手算均没有采用式（4-13）计算的，因太复杂，而是采用了对柱计算弯矩直接乘放大系数方法（直乘法）。下面两算例采用的也是直乘法。如果哪天做到了按式（4-13）计算，采用 N-M 同步放大法时，可在求 $\sum M_b$ 时采用式（4-14）计算，然后再代入式（4-13），此时式中的 η_c 取 1。

对各级抗震等级的柱根（底层柱的下端）也按上述公式（4-15）、式（4-16）计算其弯矩、轴力、剪力设计值，但是其中的系数 η_{mn} 要换成柱根的内力调整系数 η_{mn}^0（可编程序让用户输入）。

各级抗震等级的角柱其弯矩、剪力设计值在以上调整的基础上再乘以 1.1 的增大系数。

使用这种方法也能做到“强柱弱梁”，软件实现此法也不困难。以下用两个工程实例显示此法的可行性及其小震设计后在大震下弹塑性分析结果表现出的效果。

算例1：现浇钢筋混凝土六层框架结构，7度（0.1g）抗震设防，第一组，Ⅱ类场地，基本雪压值0.6kN/m^2。房屋平面、立面如图4-8所示。矩形柱截面：500mm×600mm，横向框架梁截面尺寸：走道梁为300mm×400mm；其他梁：300mm×600mm；纵向框架梁为300mm×500mm。混凝土强度等级C35，纵向钢筋采用HRB400级钢筋，箍筋采用HPB300级钢筋，填充墙为砂加气混凝土等轻质材料。抗震等级为三级。

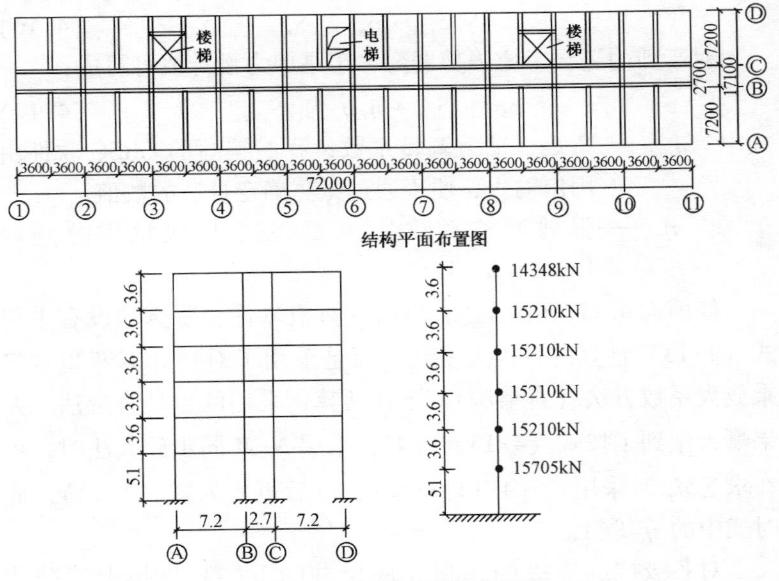

图4-8 算例1结构简图

此题目用PKPM－SATWE设计后，再用CRSC配筋，再取一平面框架用NDAS2D弹塑性计算看塑性铰分布，确定合适的内力放大系数。用2011年3月31日版本PKPM建模和计算，得出的各层质量、载荷情况信息见表4-9。

PKPM-SATWE算出的考虑扭转耦联时的前三阶自振周期，X、Y方向的平动系数，扭转系数如表4-10所示。

各层质量载荷信息表 表4-9

层号	恒载质量（t）	活载质量（t）	总质量（t）	每平方米质量（kg/m^2）
1	1447.4	123.1	1570.5	1275.57
2	1397.9	123.1	1521	1235.36
3	1397.9	123.1	1521	1235.36
4	1397.9	123.1	1521	1235.36
5	1397.9	123.1	1521	1235.36
6	1397.9	36.9	1434.8	1165.36

算例1 自振周期 表4-10

振型阶	周期（s）	转角（°）	平动系数（$X+Y$）	扭转系数
1	1.4027	180.00	1.00（1.00+0.00）	0.00
2	1.2690	90.00	1.00（0.00+1.00）	0.00
3	1.1803	114.66	0.00（0.00+0.00）	1.00

计算自振特性、位移、内力及配筋后，利用PKPM菜单下的“墙柱梁施工图”选择中间一榀，如⑦轴平面框架并查看该框架的梁配筋信息。框架各层梁纵向配筋信息如图4-9（*a*）、4-9（*b*）所示。

各层梁配筋及正负屈服弯矩信息见表4-11。

表中第一种截面配筋用RCM软件[11]计算T形梁屈服弯矩的输入和输出信息，如图4-10所示，其他截面配筋情况计算过程类似。

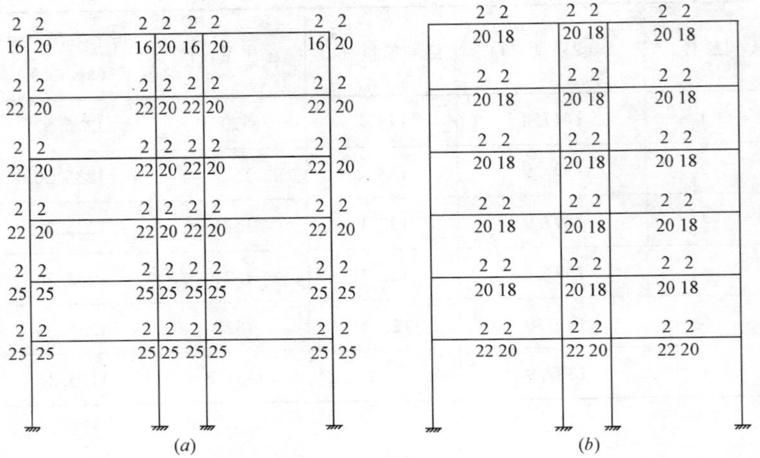

(*a*)　　　　　　　　(*b*)

图 4-9　各层梁纵向配筋信息

（*a*）各层梁上配筋图；（*b*）各层梁下配筋图

各层梁配筋及屈服弯矩表　　　　**表 4-11**

层号	梁上筋	上筋 A'_s (mm^2)	梁下筋	下筋 A'_s (mm^2)	正/负屈服弯矩 (kN·m)	$0.7A'_s$ (mm^2)	正/负屈服弯矩 (kN·m)
1	4Φ25	1964	2Φ22+2Φ20	1388	251.8/446.2	1375	251.8/339.3
2	4Φ25	1964	2Φ20+2Φ18	1137	206.3/446.2	1375	206.3/339.3
3	2Φ22+2Φ20	1388	2Φ20+2Φ18	1137	206.3/341.7	972	206.3/266.2
4	2Φ22+2Φ20	1388	2Φ20+2Φ18	1137	206.3/341.7	972	206.3/266.2
5	2Φ22+2Φ20	1388	2Φ20+2Φ18	1137	206.3/341.7	972	206.3/266.2
6	2Φ16+2Φ20	1030	2Φ20+2Φ18	1137	206.3/276.3	721	206.3/220.7

注：梁上筋还应计入有效翼缘宽度内楼板钢筋，此表 A'_s 中未计入，屈服弯矩中计入了有效翼缘宽度内楼板内钢筋的影响。

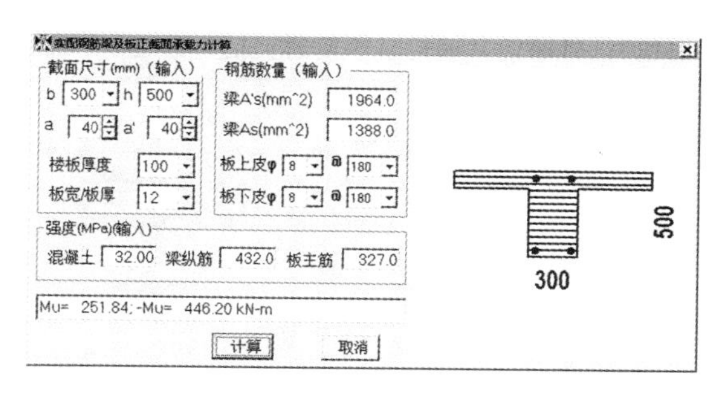

图 4-10　算例 1 梁及楼板屈服弯矩计算

SATWE 得到的该榀框架各柱的纵筋均是截面一侧为：2 ⏀ 18 + 2 ⏀ 16，如认为截面四侧边配筋均相同，则整个截面配筋为：4 ⏀ 18 + 8 ⏀ 16。CRSC 软件读取 SATWE 内力得到柱的配筋为：该榀框架首层边柱 12 ⏀ 18，其他各柱均是 12 ⏀ 16，可见两软件结果相近。以下以 CRSC 软件配筋结果为基础进行地震作用下弹塑性时程响应分析。

使用 RCM 软件计算柱屈服弯矩如图 4-11（*a*）所示，为弹塑性分析准备数据，其中材料强度取平均值，钢筋 HRB400 级 f_{ym} = 430MPa、C35 混凝土 f_{cm} = 32. 0MPa。并用三次多项式拟合（图 4-11*b*）。

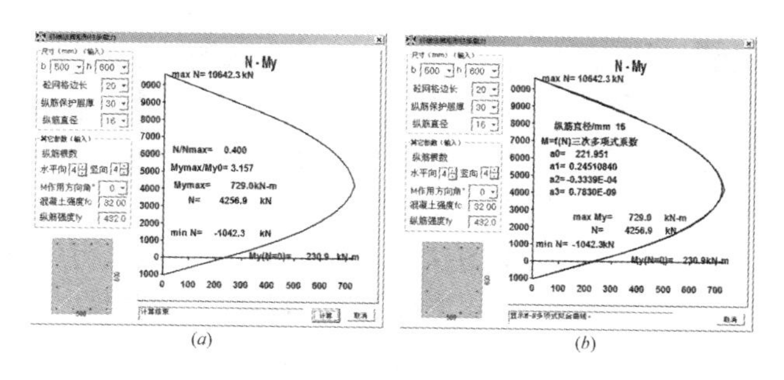

(*a*)　　(*b*)

图 4-11　算例 1 柱屈服弯矩计算

（*a*）柱 *N*-*M* 关系曲线；（*b*）柱 *N*-*M* 关系三次多项式拟合

不同配筋柱 *N*-*M* 曲线多项式系数及最大轴拉力表　　表 4-12

柱	a0	a1	a2	a3	minN（kN）
12 ⌀16	221.95	0.2451	−0.3339e−4	0.7830e−9	−1042.3
12 ⌀18	281.05	0.2390	−0.3328e−4	0.8220e−9	−1319.2
12 ⌀20	346.26	0.2316	−0.3291e−4	0.8453e−9	−1628.6

假设楼板厚度为 1/40 板跨度，即 100mm。板上皮和板下皮钢筋根据最小配筋率确定：$45f_t/f_y = 45 \times 1.57/270 = 0.262\%$，1m 宽板上或下皮钢筋量为 0.262% ×1m × 板厚（100mm）= 262mm^2，配 ϕ8@180 则为 279mm^2。按目前结构界共识，梁每侧 6 倍（两侧共 12 倍）板厚宽度是有效翼缘宽度，此宽度内计算方向的板上下钢筋总量为 $2 \times 12 \times 100 \times 279/1000 = 669.6$mm^2。折算成纵筋相同强度，则相当 400 级钢筋的面积为 $669.6 \times 300/400 = 502.2$mm^2，将此数值与表 4-11 中梁上筋 A_s'比较，各楼层分别为 $0.26A_s'$、$0.36A_s'$、$0.49A_s'$，为简化计，统一假设将梁上部钢筋的 30% 放进了板中，所以在计算梁截面屈服弯矩时，取 70% A_s'及按板最小配筋率确定的钢筋一同参与计算。板采用 HPB300 级钢筋强度平均值为$f_{ym} = 327$MPa。

底层边柱 12 ⌀18，其他柱均是 12 ⌀16。可见两软件配筋结果相近。

通过柱内力调整系数对话框（图 4-12）来选择按规范方法还是本节建议的 *M*、*N* 同比例放大方法和输入调整系数。如不勾选“*M*、*N* 同比例放大”就是规范方法，此时软件采用规范的调整系数值，对话框中的系数不起作用。

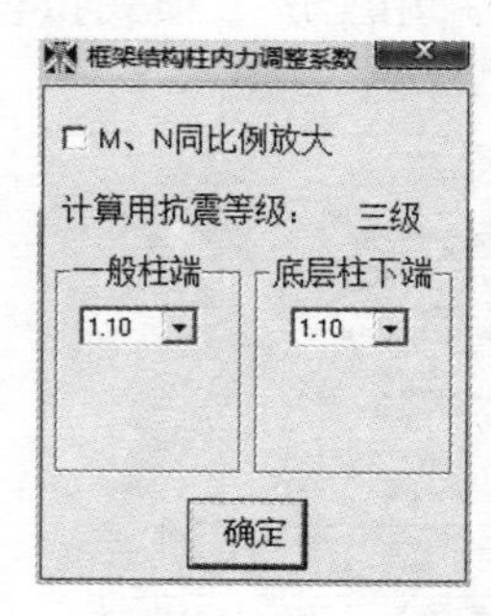

图 4-12　放大系数选择图

选择规范方法，得到的中间一榀平面框架柱纵筋配筋结果：首层边柱 12 ⌀18、中间柱 12 ⌀16，其他层所有柱纵筋均是 12 ⌀16。

平面框架梁的惯性矩近似取矩形梁肋惯性矩的二倍，即与三维模型的取法一致。

为保证使用 NDAS2D 进行平面框架弹塑性响应计算的准确性，首先要求平面框架的第一阶自振周期与三维结构同方向的第一阶自振周期相同。由前面表 PKPM 输出的结构自振周期可见，框架平面第一自振为 1.269s，略微调整该框架的 NDAS2D 输入文件中的结点质量，使该框架的第一自振周期也是 1.269s（图 4-13）。除此之外，还要将质量转换成静载，即节点集中荷载和梁上的均布荷载施加在结构上。动力分析中这些静载一直作用在结构上，这样才能较真实地模拟梁、柱的内力状态。

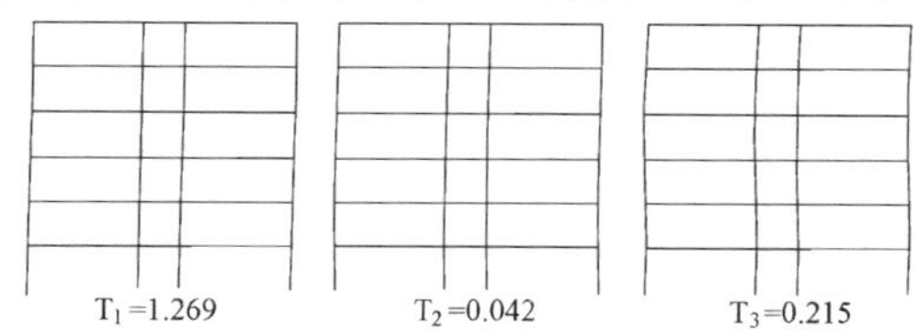

图 4-13　NDAS2D 计算得到的平面框架结构振型图

运行动力时程计算。在结构基底输入 El-Centro 波，按规范要求 7 度设防罕遇地震，将地面加速度幅值调整到 0.22g，输入的地面加速度波形图如图 4-14 所示。结构顶点水平位移时程响应曲线如图 4-15 虚线所示。

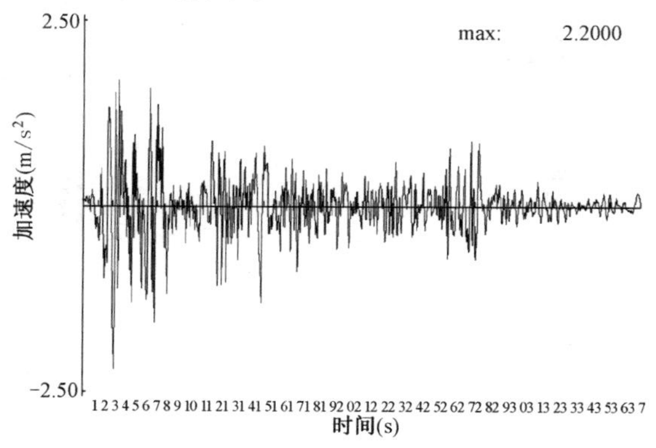

图 4-14　输入的波形图

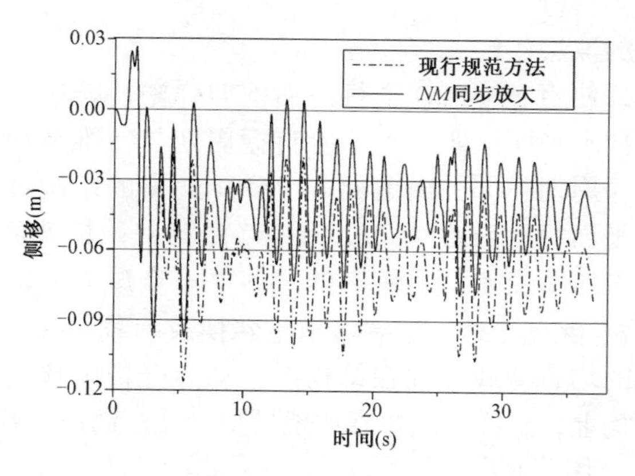

图 4-15　时程响应曲线

塑性铰出现位置及顺序如图 4-16、图 4-17 所示，其中前者是按目前 PKPM 软件小震配筋计算的结果，后者是在前者的基础上，考虑将梁肋中的上部纵筋的 30% 放入了梁侧的楼板中的弹塑性分析结果，可见后者较前者既减少了钢筋，又使得柱上塑性铰出现时间更晚些。

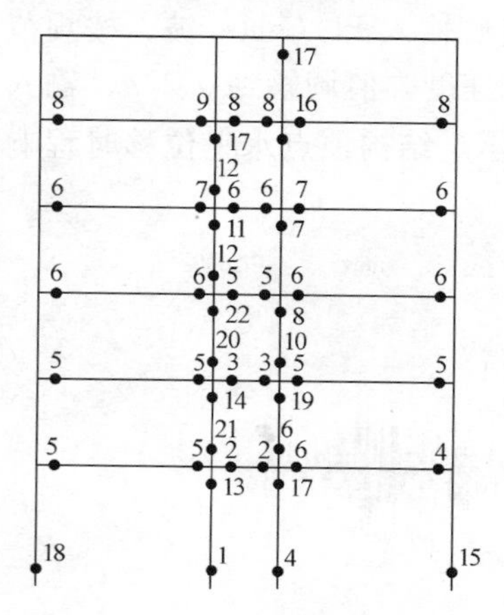

图 4-16　规范方法的塑性铰出现位置及顺序

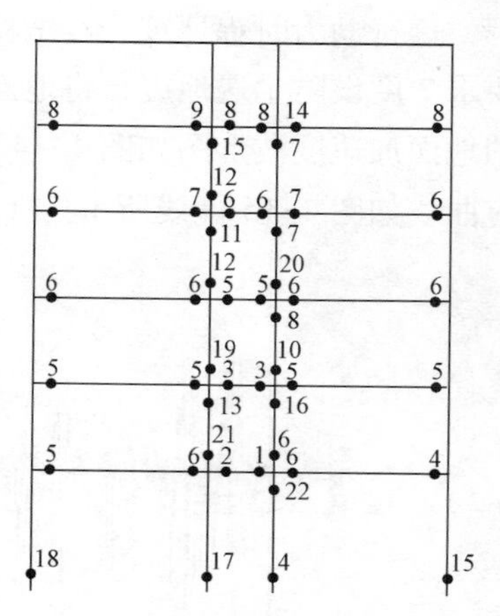

图 4-17　规范方法的塑性铰出现位置及顺序（梁上筋取 $0.7A_s'$）

确定 M、N 放大系数

按 N-M 同步放大方法，若一般柱端和柱根的放大系数均为 1.2 时，柱纵筋配筋结果与规范方法结果相同。若一般柱端和柱根的放大系数均为 1.25 或 1.3 及至 1.35 时，首层柱纵筋配筋结果为边柱 12 Φ20、中间柱 12 Φ18，其他层所有柱纵筋均是 12 Φ16。若一般柱端的放大系数为 1.3、柱根的放大系数为 1.4 时，首层边柱、中间柱纵筋配筋结果均为 12 Φ20，其他层所有柱纵筋均是 12 Φ16。

N-M 同步放大 1.25 的塑性铰出现位置及顺序如图 4-18 所示。图 4-19 为梁上筋取 0.7A_s'的结果。

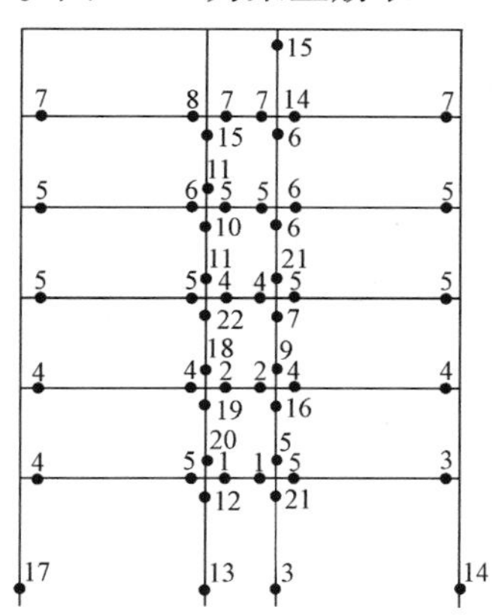

图 4-18　M、N 同步放大 1.25 的塑性铰出现位置及顺序

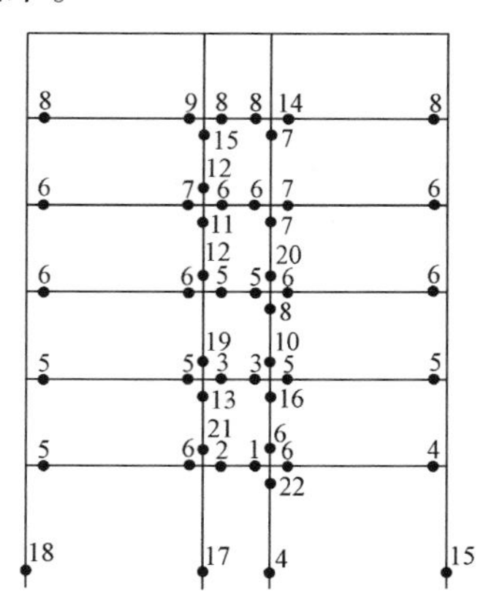

图 4-19　M、N 同步放大 1.25 的塑性铰出现位置及顺序（梁上筋取 0.7A_s'）

N-M 同步放大 1.3（柱根 1.4）的塑性铰出现位置及顺序如图 4-20 所示。图 4-21 为梁上筋取 0.7A_s'的结果。

对比图 4-19 和图 4-17：M、N 放大系数为 1.25 时的塑性铰在柱上出现的数量与规范方法结果相当，放大系数为 1.3（柱根 1.4）时的塑性铰在柱上出现的数量比规范方法结果少，并且柱上的塑性铰出现时间比规范的要晚，结构顶点水平位移时程响应曲线如图 4-15 实线所示。这能更好地实现“强柱弱梁”准则，实现了对规范的改进。

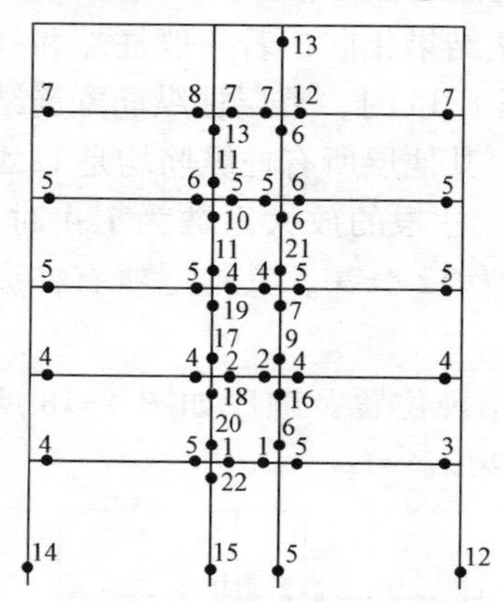

图 4-20 M、N 同步放大 1.3（柱根 1.4）的塑性铰出现位置及顺序

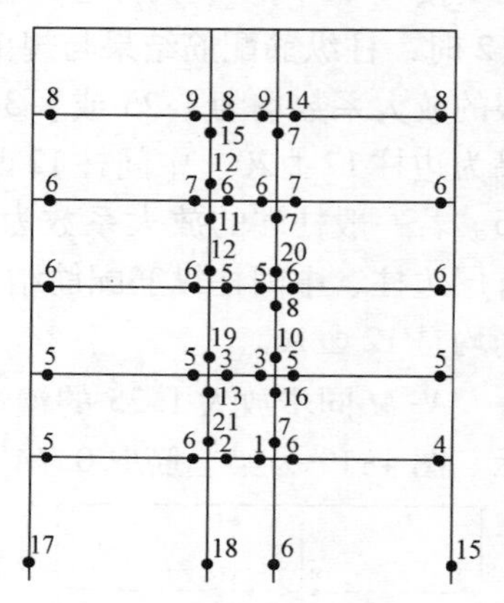

图 4-21 M、N 同步放大 1.3（柱根 1.4）的塑性铰出现位置及顺序（梁上筋取 $0.7A_s'$）

算例 2：现浇钢筋混凝土 5 层框架结构，8 度（0.2g）抗震设防，第二组，I 类场地，5 层 3 跨，9 榀；底层层高 4.0m，其余层层高 3.6m，总高度 18.4m，建筑面积 3348m^2。楼面恒载 7.0kN/m^2，楼面活载 2.0kN/m^2，楼顶活载 0.5kN/m^2。房屋平面如图 4-22（a）所示、立面如图 4-22（b）所示。方形柱截面：1～3 层为 500mm×500mm、4～5 层为 450mm×450mm，横向框架梁截面尺寸：走道梁为 250mm×400mm；其他梁：顶层为 250mm×600mm；其他层为 250mm×650mm；纵向框架梁为 250mm×500mm。混凝土强度等级 C35，纵向钢筋采用 HRB400 级钢筋，箍筋采用 HPB300 级钢筋，填充墙为砂加气混凝土等轻质材料。二级抗震等级，构造措施的抗震等级为三级。

此题目用 PKPM-SATWE 设计后，再用 CRSC 配筋，再取一平面框架用 NDAS2D 弹塑性计算看塑性铰分布，确定合适的内力放大系数。

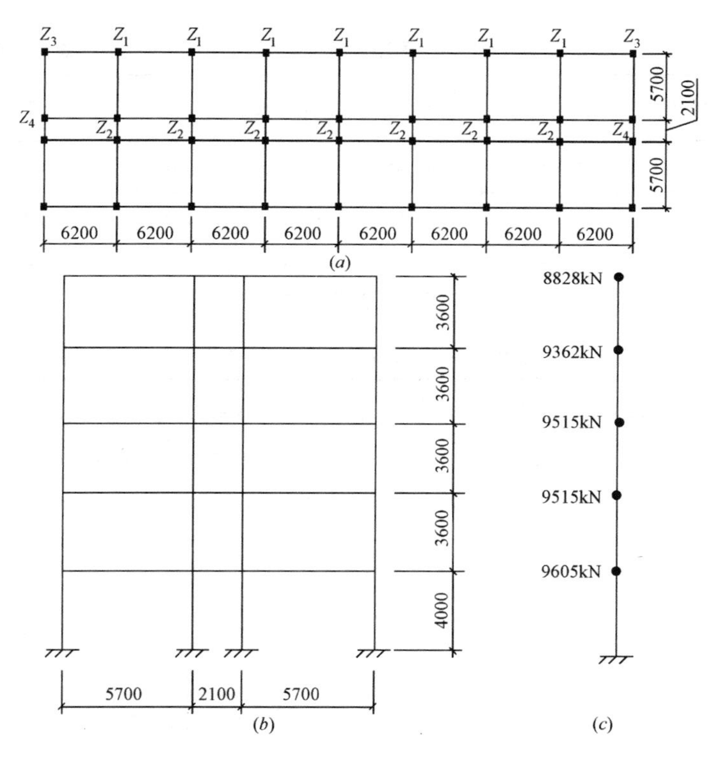

图 4-22　算例 2

（a）结构平面图；（b）框架剖面；（c）各层重力荷载代表值

各层质量载荷信息表　　　　**表 4-13**

层号	恒载质量（t）	活载质量（t）	总质量（t）	单位面积质量（kg/m²）
5	866.1	16.7	882.8	1318.39
4	869.2	67.0	936.2	1398.02
3	884.5	67.0	951.5	1421.01
2	884.5	67.0	951.5	1421.01
1	893.5	67.0	960.5	1434.45

周期与振型 表 4-14

振型号	周期	转角	平动系数（$X+Y$）	扭转系数
1	0.9458	90.00	1.00（0.00+1.00）	0.00
2	0.9228	0.00	1.00（1.00+0.00）	0.00
3	0.8579	0.00	0.00（0.00+0.00）	1.00

算例 2 由 CRSC 软件算出的柱纵筋 表 4-15

楼层	规范方法		同步放大 1.2 或 1.25		同步放大 1.3		同步放大 1.35		同步放大 1.4	
	边柱	中柱	边柱	中柱	边柱	中柱	边柱	中柱	边柱	中柱
5	12Φ14	12Φ14	12Φ14	12Φ14	12Φ16	12Φ14	12Φ16	12Φ14	12Φ16	12Φ14
4	12Φ18	12Φ16	12Φ18	12Φ16	12Φ18	12Φ16	12Φ18	12Φ18	12Φ18	12Φ18
3	12Φ20	12Φ18	12Φ20	12Φ18	12Φ20	12Φ20	12Φ22	12Φ20	12Φ22	12Φ20
2	12Φ22	12Φ18	12Φ22	12Φ20	12Φ22	12Φ20	12Φ22	12Φ22	12Φ25	12Φ22
1	12Φ22	12Φ20	12Φ22	12Φ22	12Φ22	12Φ22	12Φ25	12Φ25	12Φ25	12Φ25

SATWE 计算内力后，用 CRSC 配柱筋，中间一榀框架的配筋结果如表 4-16 所示。可见随着 M、N 放大系数 η_{mn} 值的提高，结构下部楼层柱纵筋直径在增加。当 η_{mn} 为 1.2 或 1.25 时，配筋结果与规范只弯矩放大 1.5 的配筋结果相当。$\eta_{mn}=1.35$ 的配筋结果较规范方法有所增大，当 $\eta_{mn}=1.4$ 时，下部楼层柱钢筋直径更粗，从安全和经济权衡考虑，可选 $\eta_{mn}=1.35$。

利用 PKPM 菜单下的“墙柱梁施工图”可以选择一个平面框架并查看该框架的梁配筋信息。截取图 3-1 中纵向框架所得梁、柱配筋如图 4-23 所示。可见 SATWE 的柱配筋结果与 CRSC 按规范方法配筋结果相当。

不同配筋柱 *N*-*M* 曲线多项式系数及最大轴拉力表　　表 4-16

序号	柱截面	柱纵筋	a0	a1	a2	a3	minN（kN）
7	500×500	12Φ25	530.9	0.1960	-3.571e-5	1.171e-9	-2544.7
6	500×500	12Φ22	416.2	0.2129	-3.769e-5	1.215e-9	-1970.6
5	500×500	12Φ20	345.7	0.2236	-3.879e-5	1.227e-9	-1628.6
4	500×500	12Φ18	281.1	0.2331	-3.963e-5	1.216e-9	-1319.2
3	450×450	12Φ18	250.3	0.1980	-4.454e-5	1.825e-9	-1319.2
2	450×450	12Φ16	198.2	0.2084	-4.579e-5	1.818e-9	-1042.3
1	450×450	12Φ14	152.1	0.2164	-4.636e-5	1.748e-9	-798.0

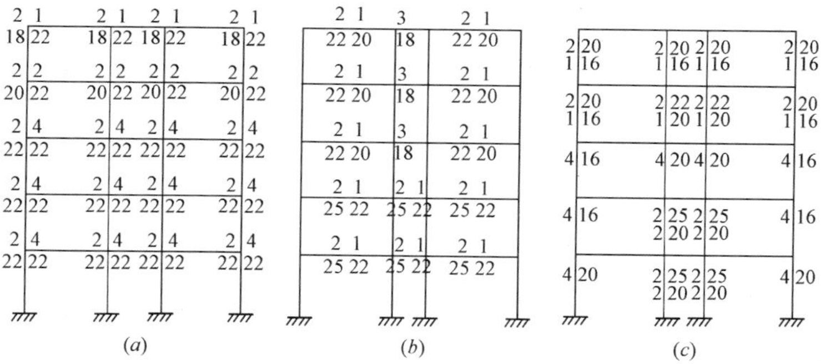

图 4-23　SATWE 给出的梁柱配筋结果

（*a*）各层梁截面上部配筋图；（*b*）各层梁截面下部配筋图；

（*c*）SATWE 给出的柱纵筋

假设楼板厚度为 100mm。板采用 HPB300 级钢筋，板上皮和板下皮钢筋根据最小配筋率确定：$45f_t/f_y = 45 \times 1.57/270 = 0.262\%$，1m 宽板上皮或下皮钢筋量为 0.262% ×1m × 板厚（100mm）=262mm²，配 ϕ8@180 则为 279mm²。按目前结构界共识，梁每侧 6 倍（两侧共 12 倍）板厚宽度是有效翼缘宽度，此宽度内计算方向的板上下钢筋总量为 2×12×100×279/1000 = 669.6mm²。折算成纵筋相同强度，则相当 400 级钢筋的面积为 669.6×300/400 = 502.2mm²，将此数值与表 4-15 中梁上筋 A_s' 比较，各楼层分别为 $0.22A'_s$、$0.36A'_s$、$0.56A'_s$，为简化计，统一假设将梁上部钢筋的 25% 放进了板中，所以在计算梁截面屈服弯矩时，取 75% A'_s及按板最小配筋率确定的钢筋一同参与计算。板采用 HPB300 级钢筋强度平均值为 $f_{ym}=327\text{MPa}$。

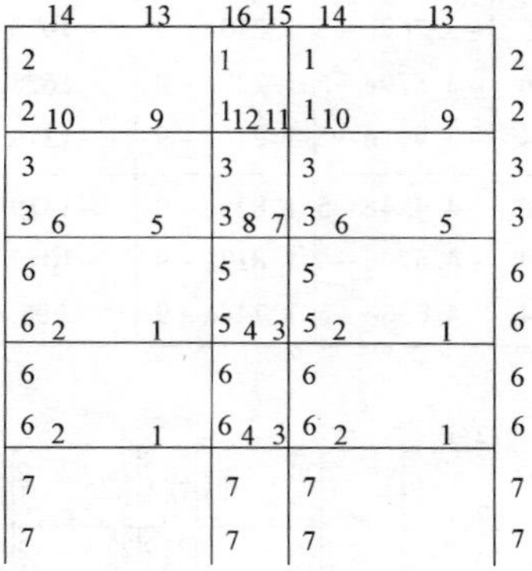

图 4-24 M、N 同步放大 1.35 的梁柱端截面屈服弯矩序号分布

计算梁截面屈服弯矩时，梁纵筋重心至梁截面近边的距离 a_s 或 a'_s对两排筋取 65mm，一排筋按纵筋保护层 30mm 加较粗纵筋半径取值。

根据小震下梁柱配筋结果，用 RCM 软件计算出梁、柱端屈服弯矩（表 4-17、表 4-18），再由此和相应构件联系，录入到 NDAS2D 软件输入数据文件中，经 NDAS2D 运行后可通过显示梁、柱端屈服弯矩序号分布（图 4-24），由此可核对输入数据是否正确。

平面框架梁的惯性矩近似取矩形梁肋惯性矩的两倍，即与三维模型的取法一致。

为保证使用 NDAS2D 进行平面框架弹塑性响应计算的准确性，首先要求平面框架的第一阶自振周期与三维结构同方向的第一阶自振周期相同。由前面表 PKPM 输出的结构自振周期可见，框架平面第一自振为 0.946s，略微调整该框架的 NDAS2D 输入文件中的结点质量，使该框架的第一自振周期也是 0.946s（图 4-25）。除此之外，还要将质量转换成静载，即节点集中荷载和梁上的均布荷载施加在结构上。动力分析中这些静载一直作用在结构上，这样才能较真实地模拟梁、柱的内力状态。

运行动力时程计算。在结构基底输入 El-Centro 波，按规范要求 8 度设防罕遇地震，将地面加速度幅值调整到 $0.4g$。

梁配筋及屈服弯矩表 表4-17

序号	楼层	梁高（mm）	梁上筋	A_s'(mm^2)	梁下筋	A_s'(mm^2)	正/负屈服弯矩（kN·m）	0.75A_s'（mm^2）	正/负屈服弯矩（kN·m）
1	1，2	650	6⌀22	2281	2⌀25+1⌀22	1362.1	319.5/657.4	1710.8	334.8/543.0
3	1，2	400	6⌀22	2281	2⌀25+1⌀22	1362.1	172.4/356.2	1710.8	187.7/303.5
5	3	650	6⌀22	2281	2⌀22+1⌀20	1074.2	252.5/651.4	1710.8	264.1/543.0
7	3	400	6⌀22	2281	3⌀18	763	97.6/342.8	1710.8	105.8/307.4
9	4	650	2⌀22+2⌀20	1388	2⌀22+1⌀20	1074.2	263.6/463.1	1041.0	263.6/378.0
11	4	400	2⌀22+2⌀20	1388	3⌀18	763	105.5/260.0	1041.0	105.8/212.5
13	5	600	1⌀22+2⌀18	889	2⌀22+1⌀20	1074.2	240.8/310.9	666.8	240.8/261.1
15	5	400	1⌀22+2⌀18	889	3⌀18	763	105.8/191.4	666.8	105.8/160.6

注：偶数序号的正、负屈服弯矩是相邻奇数的负、正屈服弯矩颠倒得到。

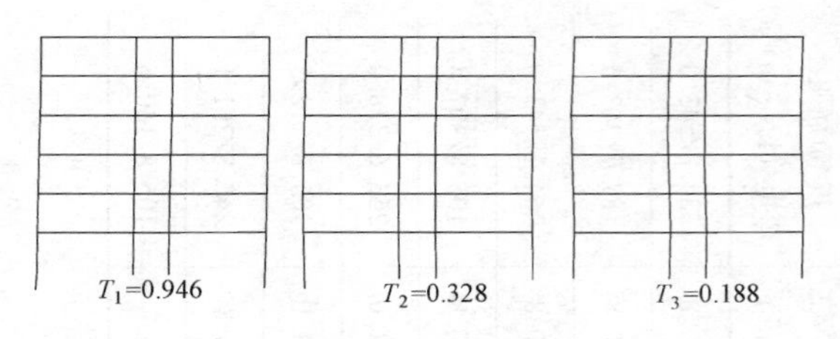

图 4-25　结构振型图

按规范方法塑性铰出现位置及顺序如图 4-26、图 4-27 所示，其中图 4-26 是按目前 PKPM 软件小震配筋计算的结果，图 4-27 是在规范方法的基础上，考虑将梁肋中的上部纵筋的 30% 放入了梁侧的楼板中的弹塑性分析结果，可见后者较前者既减少了钢筋，又使得柱上塑性铰出现时间更晚些。

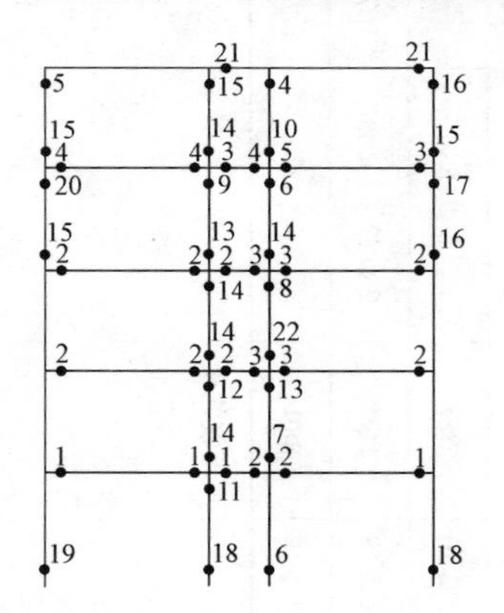

图 4-26　规范方法的塑性铰出现位置及顺序

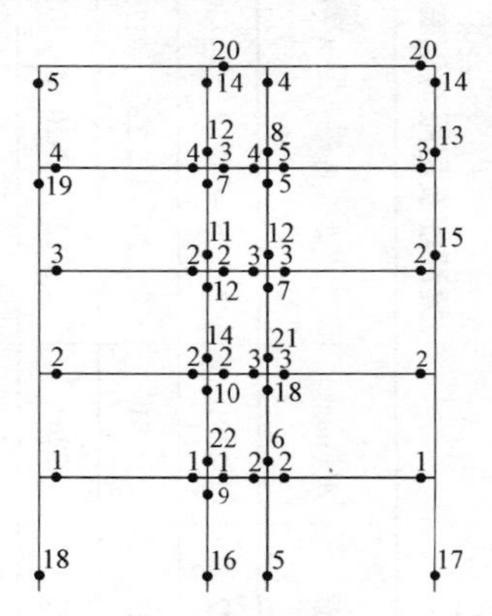

图 4-27　规范方法的塑性铰出现位置及顺序（梁上筋取 $0.7A_s'$）

按 N-M 同步放大方法，若一般柱端和柱根的放大系数均为 1.35 时的塑性铰出现位置及顺序如图 4-28 所示。图 4-29 为梁上筋取 $0.75A_s'$的结果。

这里两算例计算过程有所简化，如果对各梁侧边有效宽度楼板内钢筋数量占 A_s'的比例不同，对梁肋上部钢筋分别减小不同的数值，则得到的“强柱弱梁”效果会更好。

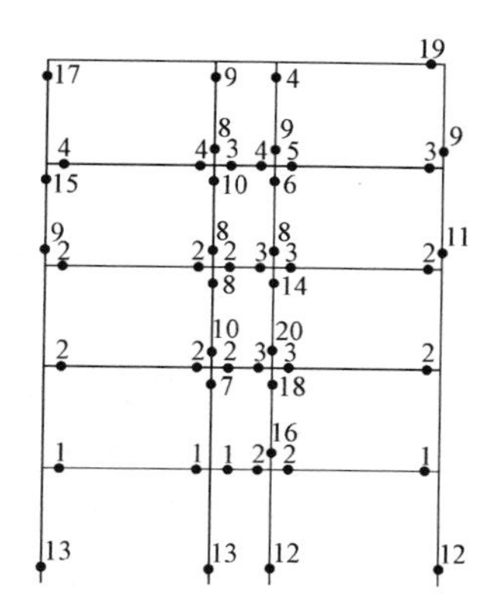

图 4-28　*M*、*N* 同步放大 1.35 的塑性铰出现位置及顺序

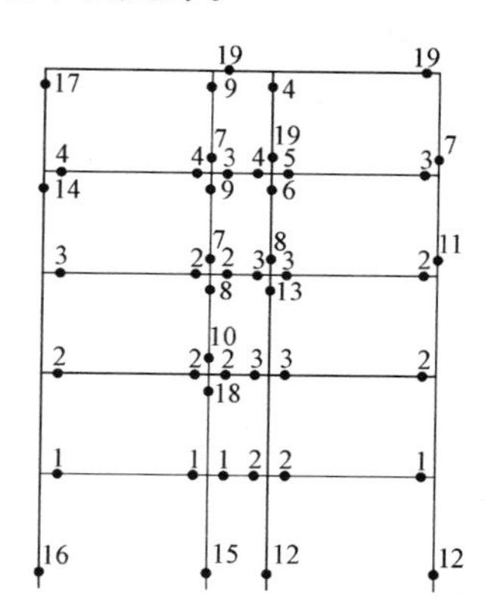

图 4-29　*M*、*N* 同步放大 1.35 的塑性铰出现位置及顺序（梁上筋取 0.7A_s'）

观察以上两个算例，建议采用 *N*-*M* 同步放大法，对于二级抗震放大系数 η_{mn} 取 1.35，三级抗震放大系数 η_{mn} 取 1.3（柱根 1.4）。当楼板与梁整体现浇时，二、三级抗震等级的梁肋上部配筋面积可以取 PKPM 算出配筋结果的 0.75、0.7 左右，这样既可缓解“强梁弱柱”危害，又可减小配筋，方便施工。

三级抗震等级，*N*-*M* 放大系数接近的原因是：二者地震作用大小不同，即地震内力大小不同，但最终要求“柱比梁强”相同，因此，*N*-*M* 放大系数相近，也说明放大系数用对了地方。而现行规范方法被乘数中的一部分是静载下的内力，它不随地震作用增大而增大，因此，所用放大系数就随抗震等级的提高而提高。

同样原因，即被乘数减小了，不能因为 *N*-*M* 同步放大法的放大系数值高于再造规范方法就认为 *N*-*M* 同步放大法比再造规范方法浪费材料。

以上放大系数的取值是根据两个简单算例结果的推测，具体数值的确定还需要一定数量算例的试算或模型试验后，经结果比较确定。

4.15 框架中间层端节点梁筋的锚固

对于框架中间层端节点梁上部纵向钢筋伸入节点的锚固，《混凝土结构设计规范》GB 50010—2010 第9.3.4条给出的图示如图4-30所示。其要求的文字描述为：梁上部纵向钢筋也可采用90°弯折锚固的方式，此时梁上部纵向钢筋应伸至柱外侧纵向钢筋内边并向节点内弯折，其包含弯弧在内的水平投影长度不应小于0.4l_{ab}，弯折钢筋在弯折平面内包含弯弧段的投影长度不应小于15d。与上一版本规范 GB 50010—2002 的要求相同。但很多人只注意到包含弯弧在内的水平投影长度不应小于0.4l_{ab}，而忽视了“梁上部纵向钢筋应伸至柱外侧纵向钢筋内边”，这是不对的，这样做的危害可见白绍良老师的文章[12]，这里简介如下。

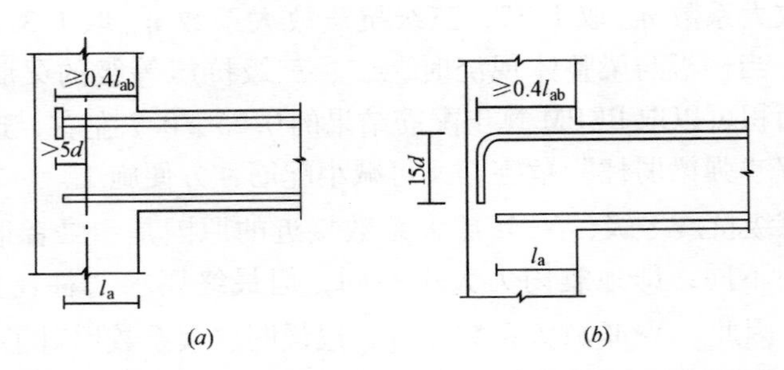

图4-30 混凝土规范关于框架中间层端节点的钢筋锚固

（a）钢筋端部加锚头锚固；（b）钢筋末端90°弯折锚固

这是因为当90°弯折位于节点中部时，弯弧力将使其附近的水平箍筋产生附加拉力（图4-9）。这相当于需要通过箍筋将弯弧力进一步移至图所示节点核心区的左侧。转移到该处的弯弧力在抵消相应部分的上柱剪力后，再与柱上端受压区压力合成为核心区斜压杆压力。弯弧力的转移不仅将人为加大水平箍筋负担，而且还会在节点上部弯弧附近引起不必要的较宽次生斜裂缝（图4-31）。

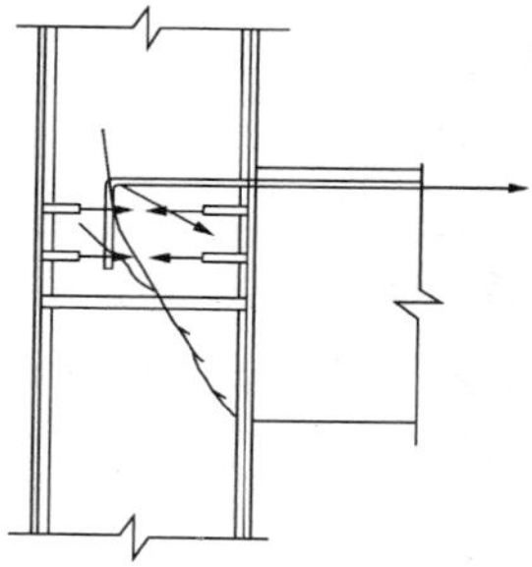

对于钢筋端部加锚头锚固的做法（图4-30a）也存在同样问题，即钢筋端头锚固板要伸至柱外侧纵筋内侧，如国家建筑标准设计图集11G101-1第81页图示（本书图4-32）。或为方便施工，锚固板伸至柱外侧纵筋内边，距纵向钢筋内边距离不大于50mm（图4-33）。

图4-31　框架中间层端节点的钢筋弯折不正确做法

图4-33是钢筋锚固板应用技术规程JGJ 256—2011[13]中的相关图示，可见其表达意思是明了和正确的。

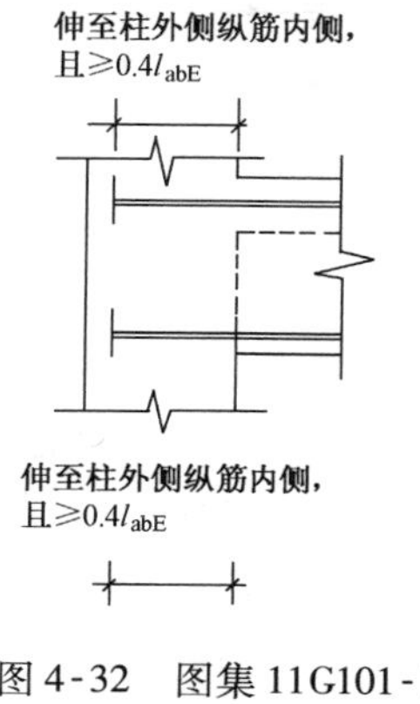

图4-32　图集11G101-1第81页图

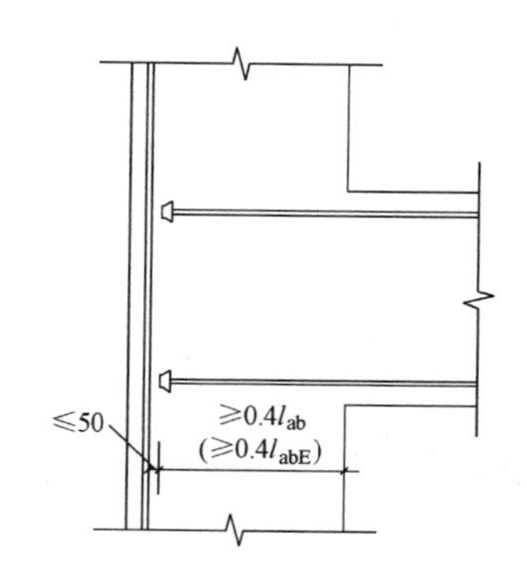

图4-33　钢筋锚固板应用技术规程中图

由于《混凝土结构设计规范》GB 50010—2010图形表示不清楚（图4-31），规范编制人员讲解规范的课件及教材也用的是这个图，让人误以为端部加锚头锚固的钢筋只要满足伸入节点的锚固长度不应小于0.4l_{ab}和过柱截面中线5倍钢筋直径就满足要求了，其实是不对的。截至目前为此，只有上述这两个文献 11G101-1、JGJ 256-2001 给出的图和解释是正确的，这样使用，工程才不会出问题。另图集 11G329-1 的 2～13 页的图也有误。

建议的中间层端节点梁上部钢筋锚固图 4-34 中取消了梁下部钢筋的锚固图示，因为规范此条款（9.3.4 条 1 款）只讲了梁上部钢筋的锚固。规范 9.3.4 条 2 款讲了梁下部钢筋的锚固，它不全是原图 9.3.4 中所画的直线锚固长度要达到 l_a，很多情况下锚固长度远小于 l_a，请详见该条款。

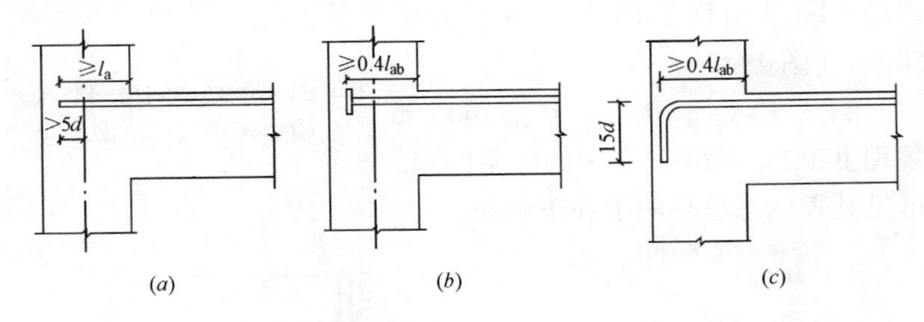

图 4-34　建议的中间层端节点梁上部钢筋锚固图

（*a*）钢筋直线锚固；（*b*）钢筋端头加锚头锚固；（*c*）钢筋末端 90°弯折锚固

《混凝土结构设计规范》GB 50010—2010 第 11.6.7 条对框架中间层端节点梁上部钢筋的锚固的规定（图 4-35*a*）也存在类似的问题。本作者也建议改用图 4-36 表示。其中，采用直线锚固方式锚入端节点时，其锚固长度除不应小于 l_{aE} 外，尚应伸过柱中心线不小于 $5d$，此处，d 为梁上部纵向钢筋的直径，是参考 GB 50010—2002 给出的。

另该规范没有给出抗震设计的梁下部钢筋在中间层端节点的锚固做法。是否按 9.3.4 条 2 款非抗震的要求就行？GB 50010—2002 的相关规定如下：梁下部纵向钢筋在中间层端节点中的锚固措施与梁上部纵向钢筋相同，但竖直段应向上弯入节点。虽然只是一句话，但如果是设计新手，在没有 2002 版本规范的情况下，会很难作出正确抉择。

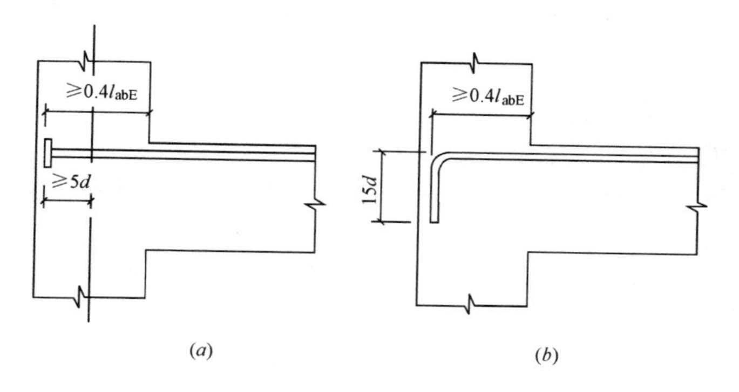

图 4-35 梁纵向钢筋在节点区的锚固

（a）中间层端节点梁筋加锚头（锚板）锚固；

（b）中间层端节点梁筋 90°弯折锚固

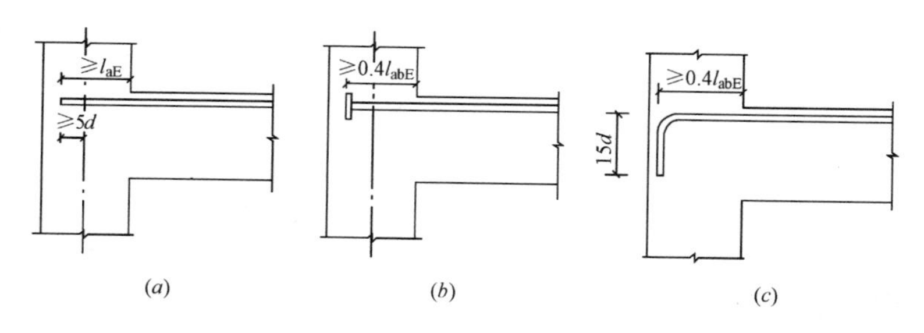

图 4-36 建议的抗震设计的中间层端节点梁上部钢筋锚固图

4.16 如何理解纵向受拉钢筋的抗震基本锚固长度

《混凝土结构设计规范》GB 50010—2010 定义了两个纵向受拉钢筋的抗震锚固长度，一个是纵向受拉钢筋的抗震锚固长度 l_{aE}，一个是纵向受拉钢筋的抗震基本锚固长度 l_{abE}。两者差别何在？各应用在什么场合？

要知两者差别，先看两者的定义：

l_{aE}为纵向受拉钢筋的抗震锚固长度，l_{abE}为梁、柱纵向受拉钢筋在节点部位的锚固长度。

这里 $l_{aE}=\zeta_{aE}l_a$，而 $l_{abE}=\zeta_{aE}l_{ab}$

l_a与l_{ab}的关系是：$l_a=\zeta_a l_{ab}$

由规范第 8.3.2 条：纵向受拉钢筋的锚固长度修正系数 ζ_a 应按下列规定取用：

（1）当带肋钢筋的公称直径大于 25mm 时取 1.10；

（2）环氧树脂涂层带肋钢筋取 1.25；

（3）施工过程中易受扰动的钢筋取 1.10；

（4）当纵向受力钢筋的实际配筋面积大于其设计计算面积时，修正系数取设计计算面积与实际配筋面积的比值，但对有抗震设计要求及直接承受动力荷载的结构构件，不应考虑此项修正；

（5）锚固钢筋的保护层厚度为 $3d$ 时修正系数可取 0.80，保护层厚度为（理解为不小于）$5d$ 时修正系数可取 0.70，中间按内插取值，此处 d 为锚固钢筋的直径。

可见规范第 8.3.2 条 5 小款中除掉第 4 小款，余下的 4 小款中有 3 款（前 3 款）不利因素，1 款（第 5 款）有利因素。可见如属于前 3 款的情况，则 $l_{abE}<l_{aE}$；如属于第 5 款情况，则 $l_{abE}>l_{aE}$。

那为什么在梁柱节点区，可以用 l_{abE}代替 l_{aE}呢？

我的理解是：一般柱要比梁宽，梁、柱节点区中梁筋的保护层厚度均不小于 $3d$，抗震设计的节点都有中部钢筋，中部钢筋的保护层厚度不小于 $5d$。这个有利因素与该条前 2 款的不利因素抵消，又混凝土现场浇筑节点钢筋不属于施工过程中易受扰动的钢筋，故可简化为在节点区用 l_{abE}代替 l_{aE}。

但对于顶层端节点钢筋的搭接则不能用 l_{abE}代替 l_{aE}。即 GB 50010—2010 第 11.6.7 条的图 11.6.7（g）、（h）中的 l_{abE}则改为 l_{aE}更贴切（现在规定的搭接长度可能够用），因这里是搭接，不是锚固，且不属于规范第8.3.2条第5款的有利情况。建议改正后的图如图4-37（a）、（b）所示。

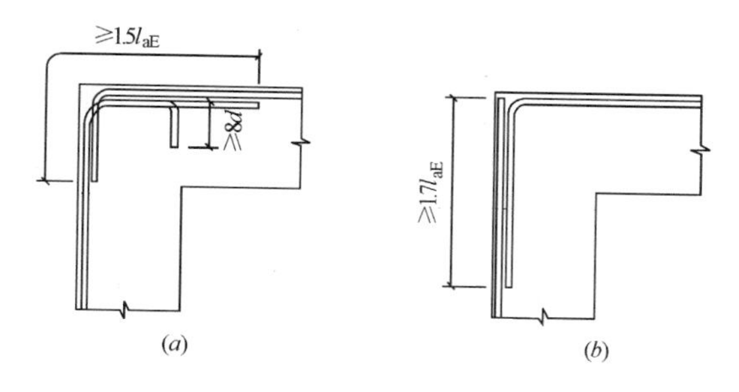

图4-37　梁和柱的纵向受力钢筋在节点区的搭接

（a）钢筋在顶层端节点外侧和梁端顶部弯折搭接；

（b）钢筋在顶层端节点外侧直线搭接

4.17　柱非加密区箍筋配置

地震作用下框架柱受剪力作用，同时考虑柱端出现塑性铰的可能，又要求设计箍筋加密区。有的教科书在配置了柱端箍筋加密区箍筋后，在配置非加密区箍筋时，简单地取箍筋间距是加密区箍筋间距的一倍了事，而不讲或进行验算非加密区长度范围内柱的受剪承载力。造成柱受剪承载力不足。这是犯了概念错误，因地震作用下柱所受剪力沿柱高是不变的，箍筋量取加密区箍筋量的一半往往满足不了抵抗地震剪力的要求。

参考文献

［1］朱炳寅．建筑结构设计问答及分析（第二版）［M］．北京：中国建筑工业出版社，2013

［2］结构抗震试验方法规程 JGJ 101—86［S］．北京：中国建筑工业出版社，1986

[3] 王依群，柱剪力设计值计算［C］．第十九届全国高层建筑结构学术会议论文集，737-740 页，2006 年 8 月
[4] 侯建国．钢筋混凝土结构分析程序设计［M］．武汉：武汉工业大学出版社，2004
[5] 混凝土结构设计规范算例编委会．混凝土结构设计规范算例［M］．北京：中国建筑工业出版社，2003
[6] 王亚勇，戴国莹．建筑抗震设计规范算例［M］．北京：中国建筑工业出版社，2006
[7] 王依群．平面结构弹塑性地震响应分析软件 NDAS2D 及其应用［M］．北京：中国水利水电出版社，2006
[8] Jack P. Moehlg，Terry bavanagh. Confinement effectiveness of crossties RC［J］. Journal of Structural Engineering，Vol. 111，No. 10，October，1985. ASCE
[9] 王依群等：双向偏压钢筋混凝土矩形柱正截面配筋计算，第二十届全国高层建筑结构学术会议论文，2008 年 6 月
[10] 建筑抗震设计规范 GB 50011—2010［S］．北京：中国建筑工业出版社，2010
[11] 王依群：混凝土结构设计计算算例［M］．北京：中国建筑工业出版社，2012 年 8 月
[12] 中国建筑科学研究院：混凝土结构设计［M］．北京：中国建筑工业出版社，2003 年 11 月
[13] 钢筋锚固板应用技术规程 JGJ 256—2011［S］．北京：中国建筑工业出版社，2012

第 5 章　非比例阻尼结构

非比例阻尼结构虽与抗震问题密切相关，因内容较多，单独列一章。

本章只涉及线弹性结构动力分析，而非线性（包括几何非线性和物理非线性、即弹塑性）都要用逐步积分法求解。

5.1　非比例阻尼结构概念

什么叫比例阻尼结构，什么叫非比例阻尼结构。比例阻尼结构是指阻尼矩形与质量矩阵和刚度矩阵成比例，也就是阻尼是 Raleigh（瑞利）阻尼，用数学公式表达如式（5-1）所示。

$$[C]=\alpha[M]+\beta[K] \tag{5-1}$$

式中　α、β——结构的瑞利阻尼系数；

$[M]$、$[K]$——结构的质量、刚度矩阵。

显然，非比例阻尼结构就是阻尼矩阵不满足上述比例条件的结构。

应用比例阻尼进行结构动力分析有很大便利。首先，对动力方程组可进行振型分解，可将方程组变换成单自由度方程求解，然后叠加数量不多的振型结果就可得到方程组的令人满意的解答（注：非比例阻尼在复振型下可以解耦，用复振型叠加法求解，但目前该法还不成熟，工程上应用的极少）。而且可以使用反应谱法计算，一次就可算出人们关心的结构最大动力响应。而逐步积分法是计算出所有时刻的响应，再在其中找出最大的响应值，而且其结果随输入的地震波而改变，要算多条地震波的响应，可见它的工作量是反应谱法的上百上千倍。

所以，人们将很多不是比例阻尼的结构也想办法尽可能简化为比例阻尼结构进行计算，但很多人不了解简化是要满足一定条件，或是有限度的。有些人则往往超出了适当的限度，即将不能简化为比例阻尼的结构（即简化后计算结果误差太大），也简化为比例阻尼结构。

钢-混凝土组合结构因其各构件或子结构的材料不同而得名，这里是指钢与混凝土结构构件或子结构组成的。钢与混凝土结构构件或子结构阻尼性质不同，例如混凝土构件或子结构阻尼比为5%，而钢构件或子结构阻尼比为2%或1%（钢塔）。属于不同阻尼性质子结构组成的结构，即不同阻尼性质具有明确界线的结构，或称为“阻尼突变结构”。不同阻尼性质具有明确界线的结构例子有：混凝土结构房屋上部建有钢塔、混凝土结构房屋上部建有钢框架楼层或混凝土结构房屋上部建有钢结构屋面、钢框架-钢筋混凝土剪力墙或筒体结构；钢结构或混凝土结构房屋配置减震元件（如阻尼器等）或隔震元件（叠层橡胶垫）；海上平台（水下部分和水上部分阻尼不同）。它们不同于阻尼性质没有明确界线或分区的混合结构。这里的混合结构恰好正与《高层建筑混凝土结构技术规程》JGJ 3—2010 中的混合结构相近，即指外围型钢混凝土、钢管混凝土框架与钢筋混凝土核心筒所组成的框架-核心筒结构，以及由外围型钢混凝土、钢管混凝土框架与钢筋混凝土核心筒所组成的筒中筒结构，另外还有型钢梁混凝土楼板等结构。后者可认为是比例阻尼结构，只是他们的阻尼比不是钢筋混凝土结构的5%，也不是钢结构的2%，而是处于二者之间的某一值，例如《高层建筑混凝土结构技术规程》对有些混合结构规定阻尼比可取4%。

有的人混淆了上述两种阻尼的结构，或者知道这两者的区别而不分情况或不分非比例的程度，将不同阻尼性质具有明确界线的结构也当成比例阻尼结构进行分析，造成结构阻尼突然变小部位安全度偏低。

若对“阻尼突变结构”，例如钢筋混凝土建筑及其顶上钢塔组成了非比例阻尼结构系统，采用同样的阻尼比值，例如混凝土建筑的阻尼比（0.05）进行动力分析，计算结果必然低估了阻尼比值较小的钢塔的地震响应，造成不安全因素；如采用钢塔阻尼比（0.01）或取值偏小的折算阻尼比 ζ（$0.01 < \zeta < 0.05$）来进行动力分析会高估了阻尼比较大的混凝土建筑的地震响应，可能使原本符合层间位移角限值的建筑、满足不了此限值要求，更为严重的问题是，没有反映阻尼较小部分（钢结构）在阻尼变化的交界面相邻处动力反应（位移、内力）突然增大的现象，这可能是经常见到地震或强风后这种结构在此处破坏的主要原因。

5.2 非比例阻尼结构动力分析的方法

本节我们重点讲述非比例阻尼结构的动力分析方法，为了对照也简述下比例阻尼结构的动力分析方法。

有限元法在计算时，将结构划分为单元，一般是剪力墙按楼层尺度划分，梁、柱、斜撑按其两端与其他构件连接点划分为一个单元，过去人们主要关注刚度，由各单元刚度矩阵组装得到结构整体刚度矩阵。由于具有不同阻尼性质的构件的存在，将这些构件的阻尼形成单元阻尼矩阵，类似于刚度矩阵的组装过程进行组装，就可得到整体结构的阻尼矩阵。

对于不同阻尼材料建造的组合结构体系，可看做是由不同的子结构组合的集合体，每个子结构均满足瑞利阻尼假定，即第 i 个子结构的阻尼矩阵为：

$$[C_i] = \alpha_i[M_i] + \beta_i[K_i] \tag{5-2}$$

式中　α_i、β_i——第 i 个子结构的瑞利阻尼系数；

$[M_i]$、$[K_i]$——第 i 个子结构的质量、刚度矩阵。

如结构由两种不同阻尼性质的部分组成，整体结构系统的质量、刚度及阻尼矩阵分别为：

$$[M]=\sum_{i=1}^{2}[M_i];[K]=\sum_{i=1}^{2}[K_i];$$

$$[C]=\sum_{i=1}^{2}(\alpha_i[M_i])+\sum_{i=1}^{2}(\beta_i[K_i]) \tag{5-3}$$

由式（5-3）组成的阻尼矩阵［C］，不再与［M］或［K］成比例，即不满足式（5-1）。阻尼矩阵［C］在广义（振型）坐标下不正交，造成各振型响应之间耦连，就是一个振型的响应与另一振型的响应有关，于是，实数域的振型分析法不能使用了，只能使用直接积分方法求解以上方程。

一般线弹性结构的动力方程为：

$$[M]\{\ddot{x}\}+[C]\{\dot{x}\}+[K]\{x\}=\{F\}P(t) \tag{5-4}$$

当式（5-4）中的阻尼矩阵是非比例阻尼矩形时，准确求解式（5-4）的方法有：直接积分法，非经典的振型叠加法，复模态叠加法等。近似方法有：强行解耦法，折算阻尼比法等。

对于一实际工程有上千个自由度，直接求解方程要花费大量的计算机时间。非比例阻尼结构动力时程计算与比例阻尼结构进行动力时程计算的区别就是二者的阻尼矩阵不同。由式（5-1）可见，比例阻尼结构计算时可不存储阻尼矩阵，可通过公式推演，将阻尼的影响用［M］、［K］表示；而非比例阻尼结构则通常要存储阻尼矩阵，并参与矩阵运算才能得到想要的解答。非比例阻尼结构动力分析的一般方法是直接积分方法，它适用于任何的非比例阻尼情况，只是耗时长，因要存储阻尼矩阵、需要计算机内存大。文献［1，2］给出了直接积分时在计算机内不必存储阻尼矩阵的方法，节省了计算机内存和计算时间。一般认为直接积分方法结果为精确解，并作为其他方法结果校对的基础。

对于线弹性结构可采用振型分解法计算，其广义阻尼矩阵为：$[\Phi]^{\mathrm{T}}[C][\Phi]=[C^*]$，这里［Φ］为振型矩阵。当阻尼满足比例阻尼条件时，$[C^*]$是对角阵，称为经典的振型叠加法。非比例阻尼时，$[C^*]$是满阵，方程仍耦联。$[C^*]$的阶数等于选取的振型个数。对此降阶的动力方程组积分，将有限阶振型反应叠加就得到整个结构系统的动力响应[3]，此即非经典的振型分解法。

另一适用于任何的非比例阻尼情况结构动力分析的方法是复振型地震响应叠加分析方法。该方法的优点是可以像一般的振型叠加法（因不是在复数域、是在实数域，也称为实模态、实振型）一样进行反应谱分析，缺点是复数运算使得动力方程阶数提高一倍，占用计算机内存大，正在研究中，还没到实用阶段[4]。

强行解耦法最容易做，是忽视矩形［C^*］的非对角元素的存在，就是人为地将矩阵［C^*］中的非对角元素充零，让方程解耦。即将问题当成比例阻尼结构进行计算，其计算结果一般是高估了阻尼作用，如果是使用附加阻尼器减震结构，其计算显示的减震效果要好于实际效果，见本书5.5节的例题。对于非比例程度较严重的结构，该法计算结果会有明显的误差[5]。

折算阻尼比法是将结构各处不同的阻尼对某阶振型产生的效果用一个适用于整个结构的一个振型阻尼比代替或等效。等效的原则是结构振动一周由阻尼消耗的能量在某种意义下相等，或将构件或单元阻尼按广义质量或广义刚度为权重分配到各阶振型上[6]。后两种方法分别适用于黏滞阻尼或滞回阻尼，而能量等效方法即适用于黏滞阻尼，也适用于滞回阻尼。

5.3 混凝土房屋上部钢塔或钢框架结构算例

混凝土房屋上部钢塔或钢框架结构属于阻尼有突变的结构，采用一个折算阻尼比值，计算结果必然低估了阻尼比值较小的钢塔的地震响应，造成不安全因素。

下面介绍几个底部混凝土框架结构，上部钢塔或钢框架结构的例子说明阻尼突变引起的危害。

5.3.1　顶上钢塔的混凝土结构

某10层钢筋混凝土框架及其顶上钢塔如图5-3～图5-5所示。钢筋混凝土构件尺寸及材料性质见文献［7］、钢塔构件尺寸及材料性质见文献［8］。

钢结构塔的阻尼比取为0.01、混凝土结构的阻尼比取为0.05，两者的组合构成了非比例阻尼结构系统，阻尼矩阵采用式(5-3) 表达。为了说明问题，假设该结构的折算阻尼比为0.03。

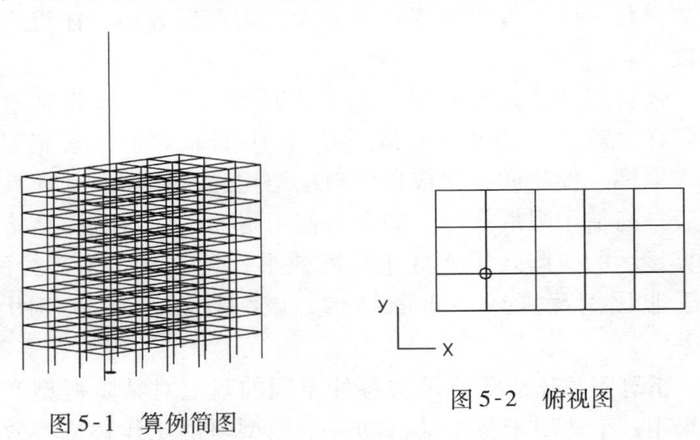

图5-1　算例简图

图5-2　俯视图

框架楼面采用刚性平面假定后，系统共有792个自由度。采用Newmark逐步积分方法进行了三维弹性动力时程计算。

钢筋混凝土框架前二阶自振周期分别为：3.239s和2.554s。钢塔前二阶自振周期分别为：1.578s和0.5703s。再根据阻尼比0.05、0.01确定各自相应的瑞利阻尼系数，由此确定软件所需的输入数据。整个系统的前二阶自振周期分别为：3.264s和2.579s[9,10]。

在结构基础 *X* 向施加峰值调整为70gal的EL-Centro波。由直接积分法算出钢塔顶、混凝土框架顶位移时程曲线如图5-4、图5-5所示。

图5-3　侧立面

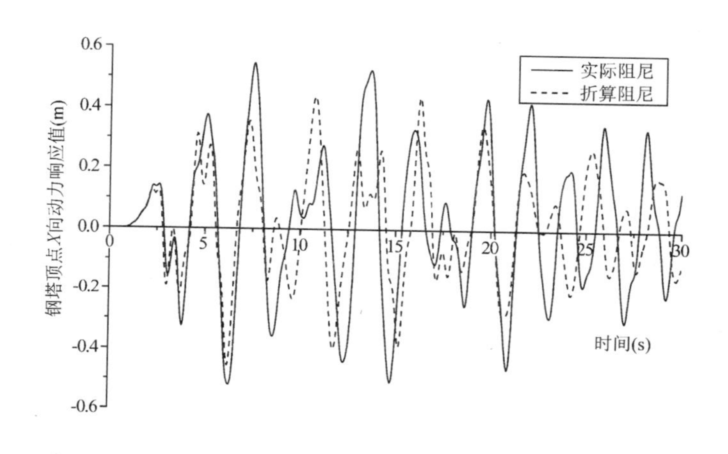

图 5-4　实际阻尼与折算阻尼比钢塔顶 *X* 向动力响应比较

图中“实际阻尼”指混凝土框架采用阻尼比 0.05、钢塔采用阻尼比 0.01。“折算阻尼”指整个结构采用相同的阻尼比 0.03。

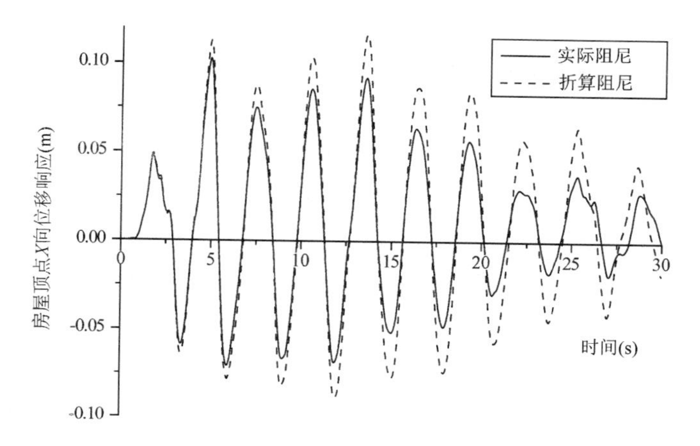

图 5-5　实际阻尼与折算阻尼比混凝土框架房屋顶（塔底）*X* 向动力响应比较

将图 5-4、图 5-5 中相同阻尼假定的位移相减，就得到钢塔顶与钢塔底间的位移差，如图 5-6 所示。

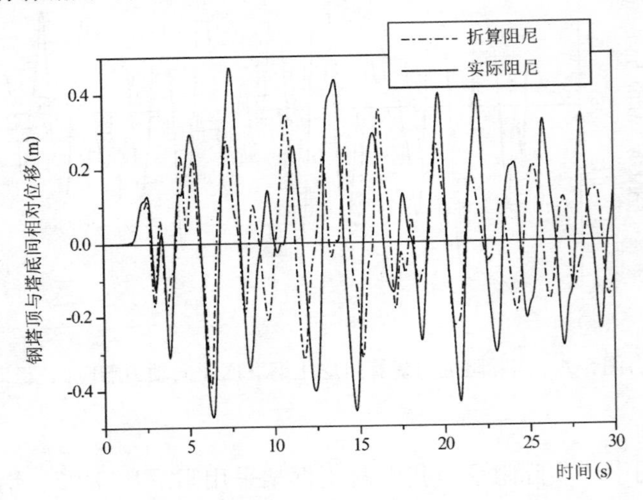

图 5-6　实际阻尼与折算阻尼比塔顶与房屋顶 *X* 向动力响应差值比较

图 5-6 给出了在实际阻尼和折算阻尼钢塔顶点与混凝土房屋顶 *X* 向动力响应比较图。自实际阻尼情况看，混凝土房屋顶的动力响应明显小于钢塔顶点的动力响应，从图中可以看出结构在取实际阻尼的情况下，钢塔顶点比塔底的动力响应增大值明显，大于结构在单一折算阻尼比 0.03 情况下的动力响应增大值，即由于混凝土建筑顶上钢塔这种类型的非比例阻尼结构的特殊的阻尼突然变小的特性及刚度突变，钢塔顶点的动力响应被大大地放大了。也就是说若对结构采用单一折算阻尼比进行动力响应计算会明显低估阻尼比较小的钢塔部分的动力响应，这为以后的设计计算带来安全隐患。处理图 5-6 及折算阻尼比取 0.03 的数据得到表 5-1。由结构实际阻尼计算出的动力钢塔顶点与塔底 *X* 向最大响应差值（0.471m）是由单一阻尼比

0.03、计算出来的钢塔顶点与塔底 X 向最大动力响应差值（0.357m）的1.32倍。即按实际阻尼计算能反映出这种结构体系“鞭梢效应”来得更大的特点。

各阻尼值下钢塔顶及房屋顶动位移最大值（m）比较　　表5-1

	实际阻尼，混凝土5%，钢1%	折算阻尼比3%
①钢塔顶	0.546	0.439
②房屋顶	0.103	0.117
③	0.471	0.357
③的相对值	1.000	0.757

注：③为各时刻钢塔顶与房屋顶位移差最大值。

混凝土楼顶钢塔“鞭梢效应”是由于钢塔刚度和阻尼均小于混凝土房屋的双重因素造成的，忽视二者中任一因素都将造成安全隐患。

文献［10］用非经典振型分解法对这个混凝土房屋及其上钢塔算例的地震响应，进行了计算。当选取的振型数目达到一定值时，计算结果与直接积分法相同。计算结果有几点值得关注：

对于刚度几乎不变且阻尼比也不变的混凝土框架部分，仅两个振型反应的叠加就与直接积分的结果相当接近，这是由于二阶以上振型主要是钢塔的变形。而对刚度突变且阻尼比不变和阻尼比减小的钢塔，有两点值得注意：（1）要有相对多的振型反应参与叠加才能达到与直接积分结果接近的程度；（2）较少振型反应叠加的时程曲线波峰、波谷的位置也与直接积分结果差距较大。从图形上看，非比例阻尼情况（图5-7）相对于比例阻尼情况，这两点更显著，这种差别显然是非比例阻尼各振型间存在相位差的特性造成的。为弥补此影响，对非比例阻尼系统应增加参与响应叠加的振型阶数。

高阶振型对顶塔地震响应有较大影响，要较准确地得到顶塔的地震响应，需增加参与叠加的振型阶数；考虑非比例阻尼特性时，参与叠加的振型阶数还应有所增加。

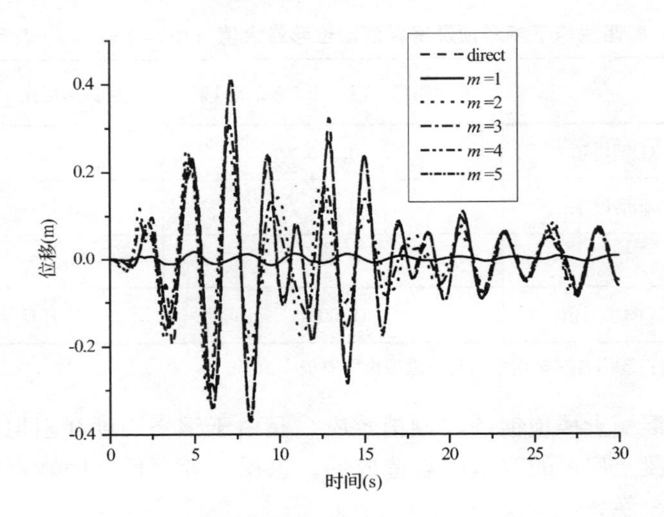

图 5-7　钢塔顶 X 向位移响应时程，直接积分与非经典振型叠加比较

考察钢塔最下面单元弯矩计算精度（前几阶与前 30 阶振型叠加结果比）随参与叠加振型阶数的变化，发现此例前 5 阶时达 89%，前 10 阶时达 99.8%。

以上分析表明：参与叠加的振型阶数应比满足位移精度要求的振型阶数至少多一倍以上时才能达到满意的内力结果，这点与比例阻尼结构内力计算情况相同。

此例在 pentium4 微机 WindowsXP 操作系统下，直接积分位移计算耗时 82s，取 5 阶振型非经典振型叠加计算耗时 11s，可见效率很高。

按非比例阻尼模型进行混凝土框剪及顶上钢塔结构弹性计算分析[11]也表明，在钢塔底部的阻尼突然变小处，位移和内力均比整个结构按折算阻尼比计算结果要大的结论。

我们还用平面模型计算过混凝土房屋上部钢塔非比例阻尼结构的地震响应[12,2,13]，计算结果均得到与三维结构结果相同的规律，即这种阻尼性质有明确分界的结构在阻尼突然变小处的结构位移、内力均有明显地增大。

用直接积分法和非经典振型分解法对混凝土房屋及其上钢塔在风荷载动力作用下的响应计算[14,15]，结果也表明：折算阻尼法不能反映此类结构钢塔阻尼突然变小，位移、内力突然增大的现象；而非比例阻尼模型可以准确反映此现象。

5.3.2 混凝土房屋钢结构加层抗震分析

对原钢筋混凝土结构进行钢结构加层后就组合成了由两种不同阻尼比的材料组成的混合结构，构成了非比例阻尼的结构体系。本算例采用平面弹塑性时程分析软件NDAS2D，对钢筋混凝土框架顶部加两层钢框架的结构进行考虑非比例阻尼特性的弹性时程直接动力分析，并在此基础上讨论了不同阻尼比和不同刚度对整体框架的抗震性能的影响。计算表明，“鞭梢效应”是由于钢框架刚度和阻尼突然减小两个原因引起的，忽略其中任何一个都不能准确计算结构的位移和内力，从而给设计带来安全隐患。

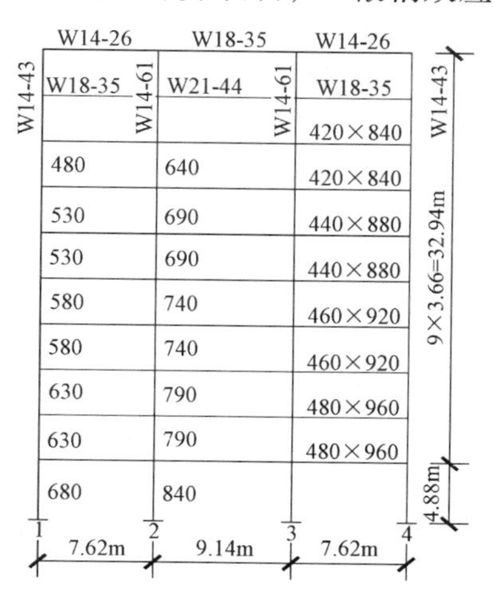

图5-8 结构简图（截面尺寸单位：mm）

（1）算例简况混凝土框架顶钢结构加层结构简图如图5-8所示，图中9、10层构件旁注的是该构件的型钢号，其余每层的混凝土梁截面尺寸 $b \times h$（mm × mm）相同如梁上所注，框架边柱、中柱均为方形截面，截面边长见图中柱旁的数字（mm）。

其下部8层钢筋混凝土框架部分的原始数据见文献［7］，上部2层钢框架部分的原始数据参见文献［2］第16章。混凝土弹性模量 $E=3.0\times10^{7}\text{kN/m}^{2}$，加层钢结构弹性模量 $E=2.07\times10^{8}\text{kN/m}^{2}$。各层质量和加层型钢刚度分别见表5-2、表5-3。

各层质量 表5-2

层　数	1	2	3	4	5	6	7	8	9	10
质量（t）	41.85	40.63	40.30	40.00	39.70	39.40	39.15	38.88	20	13.3

型钢刚度 表5-3

型钢型号	W14-26	W18-35	W21-44	W14-43	W14-61
刚度 EI（$\text{kN}\cdot\text{m}^{2}$）	17582	44161	60729	36942	55186

我国设计规范规定混凝土框架采用0.05阻尼比，钢框架采用0.02阻尼比。以下本节对整个系统分别采用混凝土阻尼模型（0.05）、折算阻尼模型（0.0476）和精确阻尼模型（0.05～0.02）进行弹性时程分析。这里折算阻尼比0.0476，即是以具有不同阻尼比构件的刚度为权重[6,17]算出的整体结构的折算阻尼比。

抗震设防烈度为8度，设计基本加速度为0.20g时，弹性时程分析时输入地震加速度的最大值为70cm/s^{2}。采用的EL-Centro（1940年，南北向）地震波记录步长为0.02s，记录长度为37s。

（2）算例结果分析

加层部分的刚度和质量的突变使结构的位移、加速度和内力都发生了很大的变化。

混凝土框架顶层与钢框架底层构件刚度比较　　表 5-4

	边柱	中柱	边跨梁	中跨梁
E_CI_C（kN·m^2）	132710.4	419430.4	622339.2	622339.2
E_SI_S（kN·m^2）	36942.1	55185.7	44160.9	60729.0
E_CI_C/E_SI_S	3.6	7.6	14.1	10.2

注：E_CI_C 和 E_SI_S 分别表示混凝土框架顶层刚度和钢框架底层刚度。

三种阻尼模型下钢框架顶层和混凝土框架顶层位移差比较

表 5-5

	实际阻尼比（0.05～0.02）	折算阻尼比（0.0476）	混凝土阻尼比（0.05）
DS_1（m）	0.0504	0.0493	0.0483
DS_2（m）	0.0264	0.0270	0.0265
DS_1 与 DS_2 的差（m）	0.0240	0.0223	0.0218

注：DS_1 和 DS_2 分别表示钢框架顶层位移和混凝土框架顶层位移。

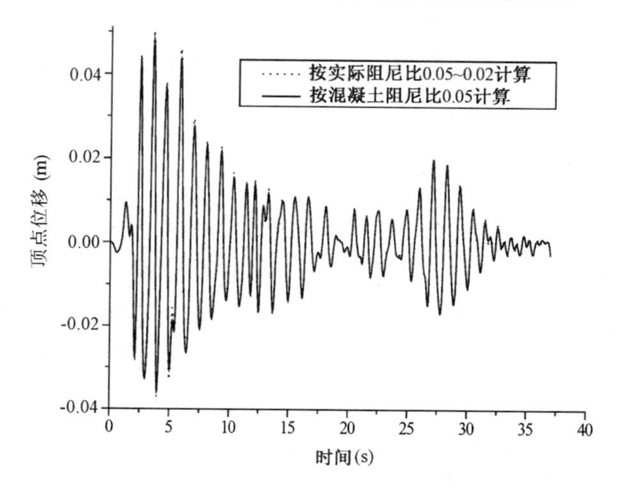

图 5-9　实际阻尼与混凝土阻尼模型结构钢框架顶点位移时程曲线对比

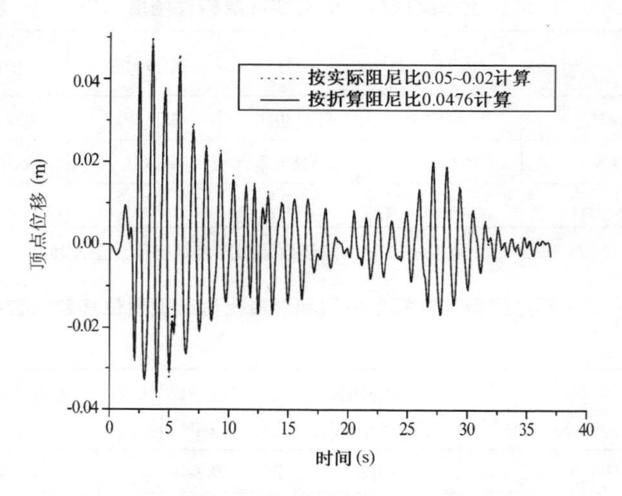

图 5-10　实际阻尼与折算混凝土阻尼模型结构钢框架顶点位移时程曲线对比

由表 5-5 可以看出三种阻尼情况下结构钢框架顶层与混凝土框架顶层的位移差都很大，其中按实际阻尼比（0.05～0.02）计算时，钢框架顶层与混凝土框架顶层位移差最大，按实际阻尼比计算出的钢框架顶层与混凝土框架顶层位移差是按照混凝土阻尼比计算出的位移差的 1.10 倍，是按照折算阻尼比计算出的位移差的 1.08 倍。由图 5-9 和图 5-10 可以看出按实际阻尼比计算时顶点位移最大，按混凝土阻尼比（0.05）计算的顶点位移比按实际阻尼比（0.05～0.02）计算的小 4.17%。按折算阻尼比（0.0476）计算的顶点位移比按实际阻尼比（0.05～0.02）计算的小 2.18%。也就是说，按实际阻尼比计算鞭梢效应最大，如果按混凝土阻尼比或按折算阻尼比计算就会明显低估结构的最大动力响应，从而给设计带来安全隐患。

由表 5-6 可以看出，按实际阻尼比计算出的钢框架顶点与混凝土框架顶点加速度差是按照混凝土阻尼比计算出的加速度差的 1.13 倍，是按照折算阻尼比计算出的加速度差的 1.11 倍。按混凝土阻尼比（0.05）计算的顶点加速度比按实际阻尼比（0.05～0.02）计算的小 6.34%。按折算阻尼比（0.0476）计算的顶点加速度比按实际阻尼比（0.05～0.02）计算的小 4.96%。也就是说，不论是按照混凝土阻尼比计算还是按照折算阻尼比计算，得到的地震力都偏低，所以对这类结构的动力响应计算应采用结构的实际阻尼比。

三种阻尼模型下钢框架顶点和混凝土框架顶点加速度差比较

表 5-6

	实际阻尼比（0.05～0.02）	折算阻尼比（0.0476）	混凝土阻尼比（0.05）
A_1（m/s^2）	3.788	3.601	3.548
A_2（m/s^2）	1.581	1.605	1.587
A_1 与 A_2 的差（m/s^2）	2.207	1.996	1.961

注：A_1 和 A_2 分别表示钢框架顶点加速度和混凝土框架顶点加速度最大值。

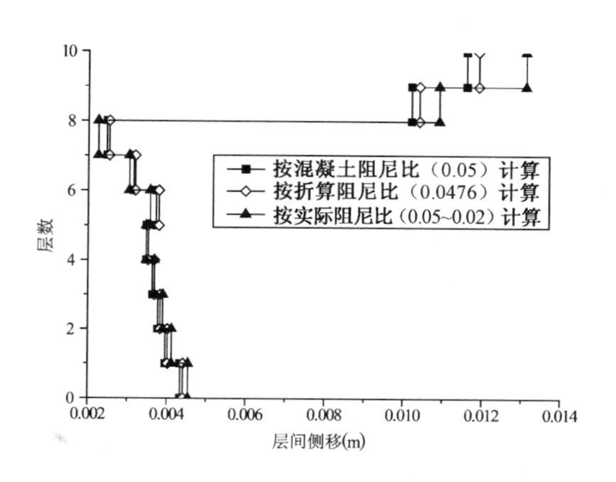

图 5-11　结构层间侧移包络曲线对比

三种阻尼模型下钢框架底层和混凝土框架顶层层间侧移突变值比较

表 5-7

	实际阻尼比 （0.05 ~0.02）	折算阻尼比 （0.0476）	混凝土阻尼比 （0.05）
CDS_1（m）	0.0109	0.0104	0.0102
CDS_2（m）	0.00225	0.00253	0.00247
CDS_1 与 CDS_2 的差（m）	0.00865	0.00787	0.00773

注：CDS_1 和 CDS_2 分别表示钢框架底层层间侧移和混凝土框架顶层层间侧移。

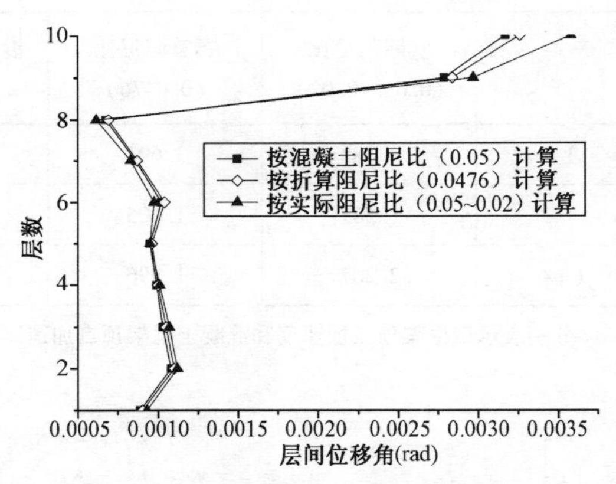

图 5-12　结构层间位移角包络曲线对比

由表 5-7 可以看出，按折算阻尼比、混凝土阻尼比计算出的钢框架底层与混凝土框架顶层层间侧移的差分别是按照实际阻尼比计算出的层间侧移的差的 0.91、0.89 倍。

三种阻尼模型下钢框架底层和混凝土框架顶层层间位移角突变值比较

表 5-8

	实际阻尼比 （0.05 ~0.02）	折算阻尼比 （0.0476）	混凝土阻尼比 （0.05）
ADS_1	1/336.7	1/352.1	1/358.4

续表

	实际阻尼比（0.05～0.02）	折算阻尼比（0.0476）	混凝土阻尼比（0.05）
ADS_2	1/1626.0	1/1445.1	1/1481.5
ADS_1 与 ADS_2 的差	0.00236	0.00215	0.00212

注：ADS_1 和 ADS_2 分别表示钢框架底层层间位移角和混凝土框架顶层层间位移角（rad）。

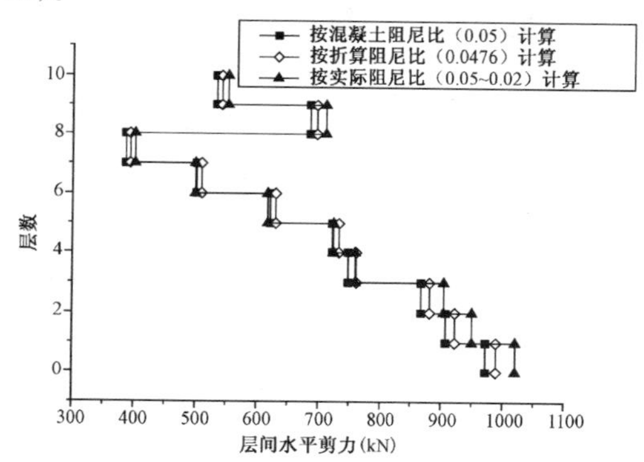

图 5-13　结构层间水平剪力包络曲线对比

由表 5-8 可以看出，按折算阻尼比计算出的钢框架底层与混凝土框架顶层层间位移角的差是按照实际阻尼比计算出的层间位移角的差的 0.91 倍，是按照混凝土阻尼比计算出的层间位移角的差的 0.90 倍。

三种阻尼模型下钢框架底层和混凝土框架顶层剪力突变值比较

表 5-9

	实际阻尼比（0.05～0.02）	折算阻尼比（0.0476）	混凝土阻尼比（0.05）
HS_1（kN）	711	696	685
HS_2（kN）	401	393	386
HS_1 与 HS_2 的差（kN）	310	303	299

注：HS_1 和 HS_2 分别表示钢框架底层层间位移角和混凝土框架顶层层间位移角。

由表5-9可以看出，按折算阻尼比计算出的钢框架底层与混凝土框架顶层剪力的差是按照实际阻尼比计算出的剪力的差的0.98倍，是按照混凝土阻尼比计算出的剪力的差的0.96倍。

由表5-7、表5-8、表5-9和图5-11、图5-12及图5-13可以看出，在加层钢框架与原结构顶层连接处层间侧移、层间位移角及层间剪力都有较大的突变，按实际阻尼比（0.05~0.02）计算时的突变值最大。特别是位移响应，用折算阻尼比模型计算结果比用实际阻尼比模型计算结果小10%左右，设计中应加以重视。

本节只对在钢筋混凝土框架结构上加二层钢框架的结构形式做了分析，文献［18］对在钢筋混凝土框架结构上加三层、四层钢框架的计算结果表明：随加层层数的增加，结构的周期加长，层间侧移、层间位移角和层间水平剪力在加层处的突变值增大。注意该文没考虑阻尼比突变的因素，如考虑该因素，上述位移、内力在加层处的突变会更大。

（3）小结

①通过对三种阻尼模型的计算分析比较可知，混凝土阻尼模型的加速度、位移和内力最小，说明阻尼比越大，地震反应越小。但无论是混凝土阻尼模型的值，还是折算阻尼模型的值都与实际阻尼模型的值有一定差距。说明无论是采用混凝土结构阻尼比，还是采用折算阻尼比进行计算，都没有考虑钢框架部分的阻尼比突然减小的因素。因此，都不能准确地反映结构的动力特性，如用于设计计算将带来不安全的结果。因此对非比例阻尼结构采用按照结构的各个部分的实际阻尼比进行计算比较准确。

②从层间侧移、层间位移角以及层间水平剪力包络曲线可看出，在加层钢框架与原结构顶层连接处有较大突变，这是由于在连接处刚度、阻尼比有较大突变，形成了结构薄弱层。因此，由于加层钢框架部分刚度、质量和阻尼比都比原结构钢筋混凝土框架部分小，两者在地震过程中动力特性不一致，易产

生震害，故应在设计时加强新旧结构的整体性连接。

③通过对阻尼比改变和刚度改变的结果分析比较，表明混凝土框架顶钢框架有较大的“鞭梢效应”是由于钢框架刚度和阻尼突然减小两个原因引起的，忽略其中任何一个都不能准确计算结构的位移和内力，从而给设计带来安全隐患。

5.4 混凝土房屋上部钢塔或钢框架结构设计建议

对于混凝土房屋上部钢塔或钢框架结构这类结构最安全的动力响应计算时应采用结构实际阻尼比。目前一般软件计算费时，且结果与所选地震波有关，对计算结果的判断和取舍也要花费时间。

对这类结构的设计建议是，采用反应谱法计算，但要对其结果中阻尼小的部分结构内力要放大，放大的办法如下：

如果有地震作用，则在一般设计软件中对钢塔或上部楼层钢结构内力进行放大。比如可以利用 SATWE 软件的顶塔楼地震内力放大功能（图 5-14）。对于混凝土房屋上顶部钢塔，“放大系数”建议填不小于 1.3 的数，对于混凝土房屋上顶部钢结构，“放大系数”建议填不小于 1.1 的数。此建议的放大系数是针对阻尼突然变小引起的“鞭梢效应”，当有其他原因引起的“鞭梢效应”同时存在时，应将两种原因引起的放大系数连乘在一起考虑。

注意位移控制要加严，因为以上 SATWE 的系数只放大了地震内力，并不改变顶塔的位移。建议将算得的位移乘以以上系数值去验算是否满足位移限值。

如果是风荷载起控制作用，可通过在软件输入时增大顶塔或顶部楼层结构的迎风面积达到增加结构内力和位移的效果。

这样做比整个结构用折算阻尼比的方法好，好在应加强的部位得到了加强。

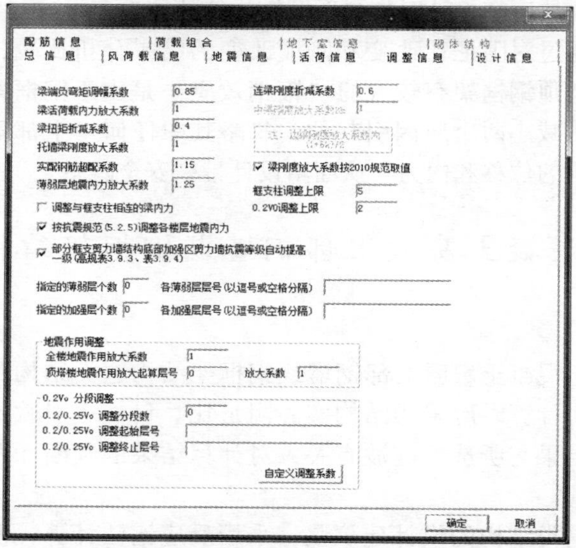

图 5-14　软件 SATWE 调整信息输入对话框

5.5　关于减震结构强行解耦法的应用

近年兴起的结构减震方法之一是在结构上设置阻尼装置，由此形成了非比例阻尼结构。对此很多教材和研究文章都有讲述，介绍最多的求解方法是强行解耦法，讲述了强行解耦法如何便利、快捷，计算结果显示的减震效果如何好，而极少有讲强行解耦法适用范围，计算结果准确度。给读者造成强行解耦法可以无限制地用于所有场合、计算结果完全可信的感觉。

实际上，20 世纪 70 年代就有人研究（例如文献［5］）强行解耦法适用范围和计算结果的准确性。为了方便大家，这里介绍其结论。

将式（5-4）振型分解后得：

$$\ddot{q}_r + \sum_{s=1}^{n} b_{rs}\dot{q}_s + \omega_r^2 q_r = \sum_{j=1}^{n} {}_r z_j F_j P(t), r = 1,2,\cdots,n \qquad (5-5)$$

式中　${}_r z_j$——与 r 阶振型相关的第 j 自由度的规格化位移；

b_{rs}——广义阻尼矩形 B 的元素，即为前面的［C^*］。

当阻尼满足比例阻尼条件时，B 是对角阵，得到非耦连的方程组：

$$\ddot{q}_r + b_{rr}\dot{q}_r + \omega_r^2 q_r = \sum_{j=1}^{n} {}_r z_j F_j P(t), r = 1,2,\cdots,n \tag{5-6}$$

此时，b_{rr}可写成：

$$b_{rr} = 2\zeta_r \omega_r \tag{5-7}$$

式中　ζ_r——第 r 阶振型阻尼比。

文献［5］作者经分析，提出了强行解耦法的适用条件：

$$\zeta_r \leqslant 0.05 \left| \frac{b_{rr}}{2b_{rs}} \left(\frac{\omega_s^2}{\omega_r^2} - 1 \right) \right|_{\substack{\min \\ s \neq r}} \tag{5-8}$$

当是非比例阻尼时，ζ_r 由是将［C^*］非对角项充零后得到的式（5-7）求出的阻尼比。

当满足式（5-8）时，忽视阻尼矩阵非对角线项的结构动力反应的误差不会超过10%[5]。

为了考察式（5-8）的适用性，文献［19］对一算例用强行解耦法和时程分析精确法计算，比较前者产生误差的大小，从而验证了式（5-8）的适用性。该算例如下：

考虑图5-15所示消能器在10层杆系框架结构中的四种不同设置方式的情况。结构层质量为64t，柱的刚度 EI 均为16.48×107kN·cm^2，梁的刚度 EI 均为8.24×107kN·cm^2，结构层高4m、跨度8m；结构第一振型阻尼比1%。消能器为黏滞消能器，每个消能器的黏滞阻尼系数均为80kN·s/cm。输入地震波分别为EICentro(SN)波、Taft(N21E)波和天津(EW)波。

图5-16（a）~（d）给出了EI Centro（SN）波作用下相应于消能器四种不同设置方式的结构地震反应的振型分解法和时程分析精确法计算的结果［Taft（N21E）波和天津（EW）波作用下有类似的情况］。

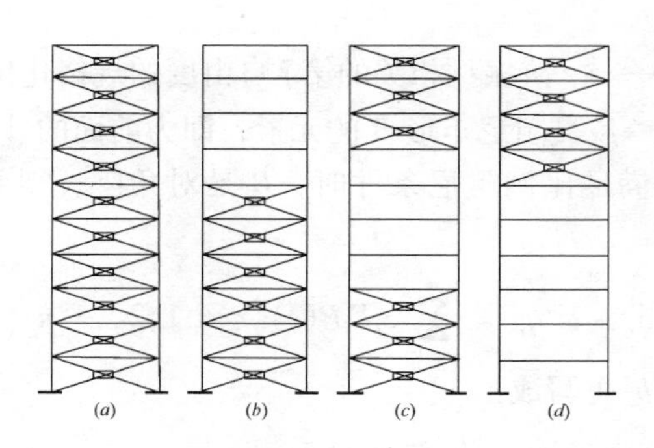

图 5-15　10 层框架结构中消能器的不同设置方式

（a）工况 1；（b）工况 2；（c）工况 3；（d）工况 4

文献［19］还将各种工况下第一振型阻尼比 ζ_1、D_1（见表 5-10 注）和强行解耦法的误差列入表 5-10 中。从表中计算结果可以看出，前三种工况的误差都在 10% 以内，且前三种工况都满足 $\zeta_1 \leqslant D_1$，而第四种工况则不满足，因而有较大误差。由此看来式（5-8）所确定的强行解耦法的适用条件应用于消能减震结构是可行的。文献［19］还指出：当然，还需要做更广泛的计算研究，以考虑这个适用条件在各种不同结构参数、不同消能器参数、不同地震波作用下对计算误差的控制作用。

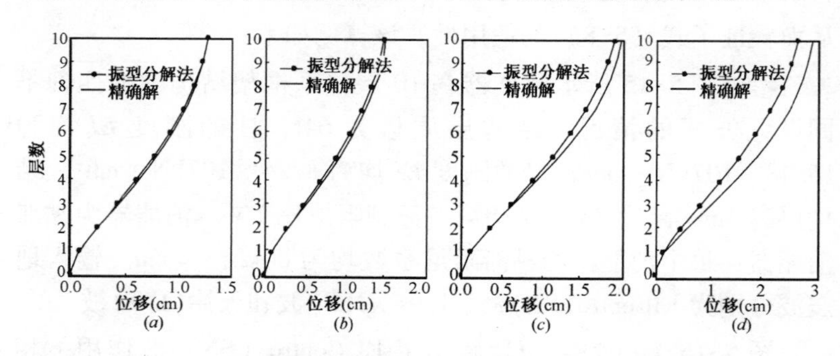

图 5-16　消能减震结构强行解耦振型叠加法精度比较

［EI-Centro（SN）波作用下］

（a）工况 1；（b）工况 2；（c）工况 3；（d）工况 4

10 层消能减震结构的地震反应计算误差　　表 5-10

工况号	ζ_1	D_1	最大误差（%）		
			EI Centro	Taft	天津
1	0.309	0.498	8.39	8.04	9.40
2	0.246	0.322	10.01	3.92	5.49
3	0.146	0.710	6.83	2.60	2.75
4	0.073	0.053	10.59	10.59	12.08

注：表中最大误差 $=\left\{\left|\dfrac{x_j^1-x_j^0}{x_j^0}\right|\times 100\right\}_{\max}$，$x_j^1$ 和 x_j^0 分别为第 j 层最大相对位移的强行解耦解和精确解；$D_1=0.05\left|\dfrac{b_{11}}{2b_{1s}}\left(\dfrac{\omega_1^2}{\omega_s^2}-1\right)\right|_{\substack{\min\\ s\neq 1}}$

以上是照搬文献［19］的论述，但这里有一点小问题，本人怀疑图 5-16（b）与图 5-16（c）颠倒了，理由有二：一是工况 2 与我们前面讲的下部结构阻尼大、上部结构阻尼小的情况相同，对整个结构采取同一个阻尼比的强行解耦法在上部结构处低估了结构反应，即在结构上部的反应将小于精确法的结果。二是由表 5-10 可见工况 2 的误差大于工况 3 的误差，此与图 5-16 结果不符，故很可能文献［19］中图 5-16（b）与图 5-16（c）颠倒了。

看来对于大多数情况，强行解耦法用于非比例阻尼情况还是可行的。但不是适用于所有情况，有些文献将原来计划放置在 6 个楼层的阻尼器，集中放置在一个楼层，也用强行解耦法计算，并不认为这样计算会不准确。

另外，从图 5-16 可见，多数情况下强行解耦法计算出的地震响应小于精确法计算结果，即它夸大了减震的效果。

参考文献

[1] 王依群，李忠献．不同阻尼特性材料组合结构的弹塑性动力时程响应计算．地震工程与工程振动，1999，19（2），76～80

[2] 王依群．平面结构弹塑性地震响应分析软件 NDAS2D 及其应用[M]．北京：中国水利水电出版社，2006

[3] Anil K. Chopra. Dynamics of Structures Theory and Applications to Earthquake Engineering(SecondEdition)[M]. 北京,清华大学出版社，2005

[4] 周锡元，董娣，苏幼坡．非正交阻尼线性振动系统的复振型地震响应叠加分析方法．土木工程学报，2003，第5期

[5] Warburton G B, Soni S R. Errors in Response Calculations for Non-classically Damped Structures. Earthquake Engineering and Structural and Structural Dynamics. 1977，Vol 5，356～376

[6] Yung-Kuo Wang. Seismic Analysis of Coupled Structural Systems with Non-proportional Damping. Dissertation of PHD at the Polytechnic University，1999

[7] P E Pinto. Seismic design of concrete structures [M]，1987，62～64

[8] 滕祥泉．非比例阻尼空间结构弹性动力有限元时程分析［D］．天津：天津大学建筑工程学院，2003. 12

[9] WANG Yiqun（王依群），TENG Xiangquan（滕祥泉），AN Guoting（安国亭）. Earthquake Analysis for the system of RC building with a steel tower，*Transactions of Tianjin University*，2005，Vol 11，No 5，376～380

[10] 王依群，王华明．非经典振型分解法求混凝土房屋及其上钢塔的地震响应．地震工程与工程振动，2006，第26卷，第3期，94～96

[11] 梁发强．非比例阻尼混凝土框剪及顶上钢塔结构弹性抗震分析[D]．天津：天津大学建筑工程学院，2006

[12] 王依群．混凝土建筑及其顶上钢塔抗震分析初探．第十七届全国高层建筑结构学术会议论文，2002，778～783

[13] 田慧，王依群．折算阻尼法在混凝土房屋及顶上钢塔结构的适用性．第17届全国结构工程学术会议论文集，Ⅲ-197-200，2008

[14] 贾玉．风荷载作用下非比例阻尼空间结构动力时程分析［D］．天津：天津大学建筑工程学院，2007

[15] 贾玉，王依群，王振宇．风荷载作用下混凝土房屋及顶上钢塔结构

动力时程分析. 工业建筑，2010，40 卷，S1 期，348 ~ 352

[16] 田慧. 钢筋混凝土框架顶钢结构加层抗震分析 [D]. 天津：天津大学建筑工程学院，2007

[17] 田慧，王依群. 混凝土房屋钢结构加层抗震分析. 天津建设科技，2009，2 期，23 ~ 25

[18] 张涛，王元清，石永久，麻建锁. 钢筋混凝土框架顶部钢结构加层的抗震性能反应谱分析. 工程抗震与加固改造,2006,28(3):95 ~ 100

[19] 戴国莹，王亚勇. 房屋建筑抗震设计 [M]. 北京：中国建筑工业出版社，2005